디스플레이 이야기 4

디스플레이 이야기 4
유기 발광 다이오드 상식 알아가기

초판 발행 2024년 10월 11일

지은이 주병권
펴낸이 최일연
펴낸곳 열린책빵

등록 2020년 11월 26일 제2020-000232호
주소 10521 경기도 고양시 덕양구 무원로 41 905동 701호
전화 (031) 979-2806
팩시밀리 (031) 8056-9306
홈페이지 www.openbookbread.co.kr
전자우편 openbookbread@naver.com

ⓒ 주병권 2024
ISBN 979-11-972783-3-4 03560

※ 이 책의 내용의 전부 또는 일부를 사용하려면
　반드시 저작권자와 열린책빵의 동의를 받아야 합니다.
※ 책값은 뒤표지에 표시되어 있습니다.
※ 저자 인세는 전액 기부됩니다.

디스플레이 이야기

유기 발광 다이오드 상식 알아가기 4

友情 주병권 지음

시작하며 …… PROLOGUE

오래전부터 정년까지 10년 정도가 남으면, 떠날 준비를 하겠다고 생각했습니다.
산에 오를 때 충분히 내려갈 시간을 고려하듯,
내려가는 것도 여유 있게 준비를 하며 내려가겠다고, 보람과 의미를 찾으면서.
세월이 유수 같아서 서너 해 전에 10년여가 남았더군요.
시작을 하였습니다.

물질 기부와 재능 기부 그리고 지식 기부 …….
첫 번째 기부, 물질 기부는 진행 중입니다.
아이들과 환경을 향한 기부입니다.
두 번째 기부, 재능 기부도 역시 진행 중입니다.
현장을 다니며, 청소년들과 젊은이들에게 꿈을 주려는 기부입니다.

이제 7년 정도가 남았습니다.
세 번째 기부, 지식 기부입니다. 알고 있는 지식을 전달하고자 합니다.
먼저 '정보 디스플레이' 분야부터 시작합니다.
청소년들, 우리 학부생들, 더해서 일반인들까지 관심을 가질 수 있도록
그리고 기술과 산업 의존도가 큰 우리나라가 경쟁국들의 공세에서 잘 지켜질 수 있도록.

크게, 다섯 개의 주제를 준비하였습니다.

주제 하나, '정보 디스플레이 기술의 개요'에 관한 이야기입니다. 디스플레이 전반을 다룹니다.
주제 둘, '디스플레이의 공통적인 상식과 지식'에 관한 이야기입니다. 원리와 용어, 공통적인 이론을 다룹니다.
주제 셋, '액정 디스플레이'에 관한 이야기로, LCD 이야기입니다.
주제 넷과 다섯, '유기 발광 다이오드'와 '양자점 디스플레이'에 관한 이야기입니다. OLED 이야기들, QD 디스플레이를 설명하고 예측합니다.

앞으로 10년 동안은 이 책이 감싸 안을 수 있기를 바랍니다.
물론, 더 필요하고 더 등장할 가능성이 있는 디스플레이들도 생각 중입니다.

주제에서 잠시 숨을 돌리며 참고하기 위해 노트를 구성하려 합니다.
나는 하루 하나의 노트를 쓰고, 독자들은 하루 하나의 노트를 읽고.
공원에서, 거리에서, 버스에서, 지하철에서 가볍게 읽을 수 있는 쉬운 내용과 편안한 분량으로.
또한 집중과 휴식을 위해 중간중간 핫한 이슈, 쉬어가기 노트도 넣으렵니다.

이제, 시작하죠~

2021년 1월, 저자

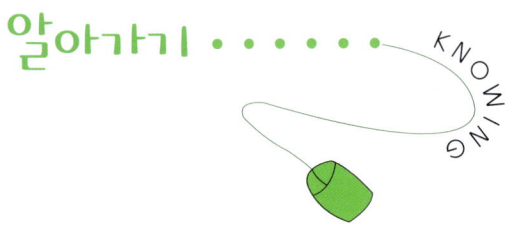

알아가기 ······ KNOWING

　디스플레이 이야기 시리즈는 총 5권으로 출간할 생각입니다. '디스플레이 알아가기'로 발간된 첫 번째 이야기에서는 디스플레이의 기원, 변천과 역사, 분류를 기본으로 다루었고, 디스플레이 기술들을 스스로 빛을 내는 자발광형과 스스로 빛을 낼 수 없는 비자발광형으로 구분하여 각각에 해당하는 디스플레이들을 알기 쉽게 핵심 위주로 설명하였습니다. 두 번째 이야기는 '디스플레이 상식과 지식 알아가기'입니다. 이곳에서는 모든 디스플레이들에 공통으로 적용되는 기초 이론과 용어들을 다루었습니다. 세 번째 이야기는 '액정 디스플레이 알아가기'입니다. 비록 유기 발광 다이오드, 양자점 디스플레이, 마이크로LED의 시대가 오더라도 액정 디스플레이는 떠나지 않을 겁니다.

　이 책은 네 번째 이야기로 '유기 발광 다이오드 상식 알아가기'입니다. 유기 발광 다이오드, 즉 OLED는 이제 대세가 되었습니다. 스스로 빛을 내는 자발광형 디스플레이가 갖는 고유의 장점에 얇고 휘고 접고 말 수 있도록 모양이 변형되는 특징이 더해졌죠. 접는 휴대폰과 말 수 있는 TV 그리고 투명 디스플레이는 OLED로만 실현될 수 있습니다. 따라서 OLED의 특징과 장점 그리고 발전사와 함께 확대되어 가는 응용성을 서술하고 아직은 끝나지 않은 OLED 조명 이야기도 다루어 봅니다. OLED의 상식을 공고히 하기 위하여 구조와 동작 원리와 함께 OLED를 이루는 양극과 음극 그리고 각각의 유기층들에 대해 살펴봅니다. 빛을 만들어내는 동작 기구들을 설명하고, 이에 더해 OLED 소자의 전기광학적 평가와 성능, 효율, 수명 등에 관하여 알아봅니다. 뒷부분에서는 OLED 화소들을 구동하는 백플레인, 즉 박막 트랜지스터들의 종류와 각각의 장단점을 기술하고 기술 전개 방향을 예측합니다.

　다섯 번째 이야기는 '유기 발광 다이오드와 양자점 디스플레이 지식 알아가기'입니다. OLED 기술들을 보다 구체적으로 분류하여 설명하며, 이와 함께 제조 공정과 노하우를 다룹니다. 그리고 양자점의 본격적인 도입과 이를 통한 양자점 디스플레이의 발전 방향을 서술하고자 합니다.

　앞으로 6개월 이내에 출간될 5권도 기대를 부탁합니다. 이처럼 디스플레이 이야기 시리즈는 각각

100페이지 남짓으로 휴대용으로 편하게 출간되며, 정보 디스플레이에 관심이 있는 학생과 일반인들이 볼 수 있도록 내용을 구성합니다. 이 책들은 학부와 대학원 교재로도 사용할 수 있습니다. 사실 5권까지로 정한 이유는, 우리 학교의 경우 학부 4학년 1학기부터 대학원 석사 과정 4학기까지 총 5학기 동안 학기마다 1권씩 '정보 디스플레이 기술'을 알아가는 교재로 사용하고자 함이었죠. 이 책들을 수업에서 교재로 사용할 경우, 학기별 교재 1권마다 총 14회 강연할 수 있는 강의 교안도 파일로 함께 제공됩니다. 5권까지 발행이 완료되면 총 70회분의 강의 노트가 제공될 것입니다.

  이 책을 읽거나 공부하는 방법은 다음과 같습니다. 먼저, 그냥 편히 읽어 가면 됩니다. 그러면서 저자의 블로그에서 '디스플레이 공부' 메뉴를 함께 이용하면 많은 도움이 될 것입니다. 이 책은 '디스플레이 공부' 메뉴에서 코너 4)에 해당됩니다. 각각의 세부 주제는 코너 4)의 노트 4-1)부터 노트 4-32)까지 볼 수 있으며, 블로그에는 관련 링크들과 연동됩니다. 그리고 각 노트에서 댓글을 통해 저자와 의견을 교환할 수 있으며, 블로그의 이웃 메뉴들에도 도움이 되는 다양한 이야기들을 찾아볼 수 있습니다. 각 노트들은 수시로 업그레이드되어 부족한 부분은 수정 보완될 것입니다. 최근의 이야기, 수식과 이론 문제의 제시와 풀이, 더 알면 도움이 되는 내용들로 이어지고 확장될 것입니다. 블로그의 '디스플레이 공부' 메뉴 코너 5)는 디스플레이 이야기 시리즈의 5권의 준비된 내용들이고, 코너 6)은 저자의 연구실이 삼성 디스플레이와 함께 연구하고 있는 내용들 중에서 공개가 가능한 부분을 편하게 오픈하고 있습니다.

  당초에는 본 내용을 집필용이 아닌 블로그를 통한 지식 기부용으로 서술하였기에 마음 편히 여러 사이트를 인용하였습니다. 하지만 책으로 출간하기 위해서 글도 새로 다듬고 그림도 다시 그리며 중복이나 표절 방지에 최선을 다하였습니다. 혹여 미흡한 점이 있다면 한시라도 저자나 출판사에 알려주시기 바랍니다. 원고 작성은 모두 저자가 하였으며, 작성 과정에서 S사의 두 분 연구원께 내용 확인을 받았습니다. 초안 완성 후에는 저자 연구실의 대학원생인 박준영, 필감성 박사 과정 그리고 박성현, 송서현, 이종성 석사 과정에게 편집과 교정 등을 부탁하였습니다. 도움을 주신 이들께 감사드립니다. 이 책을 통한 수익에서 도움을 주신 이들께 인세의 일부가 전달될 것이며, 특히 저자에게 주어지는 인세는 전액 불우 아동과 환경보호를 위해 사용될 것입니다.

  이상, 지식 기부와 모두의 행복으로 가는 길의 동참에 감사드립니다.

2024년 9월, 저자

블로그, blog.naver.com/jbkist
전자메일, bkju@korea.ac.kr

블로그 QR 코드

병상에서의 상념

다가오는 병을 맞이하느라
병상에 누우면
일상의 번거로움은 잊혀져 가고
지나간 날들의 생채기가 다시 도진다

쓸쓸히 떠나간 이의 뒷모습과
사랑하는 이들이 겪은 아픔이 가슴을 누르고
이렇듯 눈을 감고
살아온 긴 여정을 되돌아보면
몸이 아픈 건지 마음이 아픈 건지 혼미해진다

창 밖에는 봄비가 오듯이
눈이 녹아 흐르는 소리가 들려오고
곁자리에는 아지랑이라도 피어오르는 듯
막연한 따스함에 손길을 더듬어 본다

언제나 텅 빈 그 자리는
딛고 올라갈 층계참으로 채워졌고
이제는 그 길을
내려가야 할 때인가 보다

잘 딛고 올라간 발걸음이
잘 딛고 내려올 수 있을까

더 오르지 못하는 길을 뒤로 하고 내려오는 길
이제는 그 길을 돌아오며
서둘러 오르느라 미처 머물지 못하였던
작고 어두운 곳을 돌아보아야겠다

그곳에서는
미처 찾지 못한 아름다움이 있을 것이고
혹은 지고 살아온 크고 작은 등짐들을
내려놓을 작은 여유라도 찾을 수 있을 것이다

쓸쓸히 떠나간 이와 마주할 수도 있을 것이고
행여나 사랑하는 이들이 겪은 아픔을
내 아픔과 함께 다독일 수도 있을 것이다

BK

디스플레이 이야기들

4 시작하며...

6 알아가기

8 병상에서의 상념

24 OLED 응용

26 유연 디스플레이

28 OLED 조명

42 OLED의 구조

46 OLED의 동작 원리

49 캐리어들의 이동, 결합 그리고 발광

65 OLED의 저지층

67 OLED의 발광층 그리고 발광에 관하여

71 OLED의 형광과 인광

86 OLED의 전기광학적 성능

91 OLED의 효율

96 OLED의 수명

109 TFT

114 a-Si TFT

116 LTPS-TFT

| 12 OLED는? | 14 OLED 발전사 | 20 OLED 특징과 장점 |

| 33 OLED 조명의 장점과 단점 | 37 OLED 조명의 디자인과 (시)제품 | 39 OLED 조명의 전략과 전망 |

| 53 다층막 구조와 전극 | 58 OLED의 주입층 | 62 OLED의 수송층 |

| 76 OLED의 지연 형광 | 80 OLED의 특성 측정과 이해 | 84 OLED의 전기적 성능 |

| 100 OLED의 다른 특성들 | 102 백플레인 | 104 화소 회로 |

| 120 산화물 TFT | 124 유기 TFT | |

CONTENTS

OLED는?

OLED^{Organic Light-Emitting Diode}는 용어 그대로 유기물이 빛을 내는 다이오드, 즉 유기 발광 다이오드입니다. 정공과 전자를 공급하는 양극과 음극, 두 개의 전극 사이에 캐리어들의 주입, 전송 그리고 캐리어들이 만나서 빛을 만드는 발광 역할을 하는 유기물층들이 샌드위치 구조로 삽입되어 있습니다. 물론 자발광 디스플레이죠. 소자의 두께는 대략 1마이크론 이하이며, 유리 기판이나 플라스틱 기판 위에 만들어집니다. OLED는 특히 모바일 기기와 TV 부문에서 LCD와 경쟁을 하고 있으며, 화질의 우수함은 물론 얇고 변형이 가능해 더욱 발전이 기대되고 있는, 현대 그리고 차세대 디스플레이라 할 수 있습니다.

더 생각해보기
- 기존의 LED에 비해 OLED의 다른 점은 무엇일까? 굳이 유기물을 사용하여야만 하는 이유는?
- OLED는 이전의 디스플레이들이 부족하였던 어떤 점들을 해결할 수 있을까?

OLED(Organic Light-Emitting Diode)

- OLED는 전류가 흐르면 스스로 빛을 내는 유기물을 픽셀에 사용해 이미지를 표현하는 자체 발광형 디스플레이입니다.

- 화질, 두께, 무게, 소비전력 등에서 LCD보다 우수하며 유연하게 구부리고 접을 수 있는 플렉시블 디스플레이를 만들 수 있습니다.

- 2007년 삼성디스플레이가 세계 최초로 양산에 성공하였고, 스마트폰, 태블릿, 차량용 디스플레이 등 다양한 영역으로 확대 중입니다.

OLED 발전사

유기물질의 전기, 광학적 특성에 관한 연구는 1906년 이탈리아의 과학자 포체티노[A.Pochettino]가 유기화합물인 안트라센의 결정에서 광전도 현상을 발견한 것을 시작으로 보고 있습니다. 이후 1963년 뉴욕대의 포프[M.Pope] 교수와 그의 동료들이 수십 마이크론 두께의 안트라센 단결정에 400V 이상의 전압을 인가하여 발광 현상을 관찰하고 측정하였죠. 그리고 1970년대에 들어서면서 증착과 함께 LB[Langmuir-Blodgett] 막 등을 통한 박막 개념의 소자화가 시도되었습니다. 이 시점에서 유기물에서의 발광 메커니즘에 관한 기초적인 이해를 하기 시작하였습니다. 다만, 만들어진 유기 발광 소자의 효율이 1lm/W보다도 매우 낮고 안정성 또한 미흡하여서 실용화는 생각하기가 어려웠습니다. 즉, 안트라센

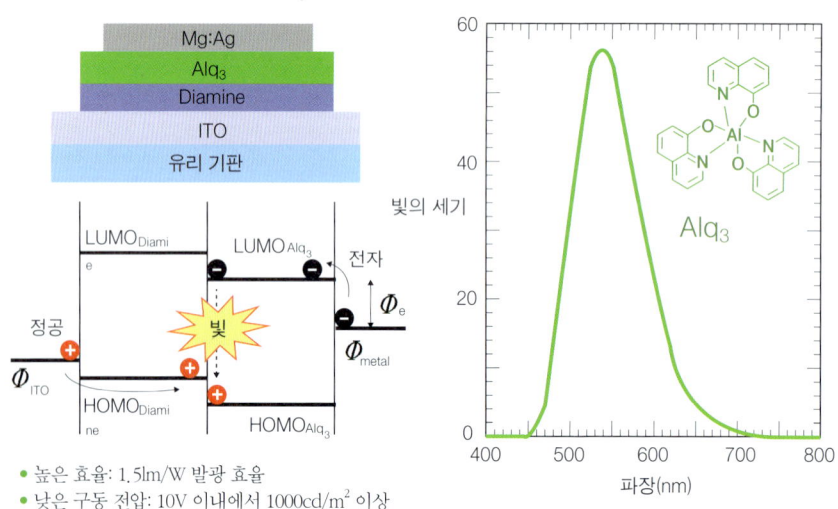

OLED의 등장(1987년 칭 탕 교수가 발표한 OLED 소자)

결정은 전기전도도가 매우 낮은 절연체로, 전자와 정공을 주입하기 위해서는 매우 높은 전압이 필요하였고 발광 효율도 매우 낮았습니다.

그러다가 1980년대 초 이스트먼 코닥의 탕$^{C.Tang}$ 박사 그룹은 유기 태양전지를 연구하는 과정에서 유기물에 전기를 흐르게 하면 빛이 발생하는 것을 보게 됩니다. 그리고 얇은 유기반도체 박막을 사용하고 발광 효율이 1.5lm/W 정도인 유기 발광 소자를 개발하여 1987년에 미국 물리학회에 발표하죠. 이 소자는 녹색 발광 물질인 Alq$_3$$^{Tris(8-hydroxyquinolinato)aluminum, Al(C_9H_6NO)_3}$ 층과 정공 수송 층 두 개의 유기물층으로 이루어졌으며, 양쪽에 전극이 설치된 총 네 개 층을 갖는 다이오드 구조였습니다. 유기막들의 총 두께는 100나노미터 정도로 구동 전압은 10V 이하, 휘도는 1000cd/m^2, 외부 양자 효율은 1%로 가능성을 충분히 보여준 데이터였죠. 코닥의 연구 결과는 OLED를 이용하여 고휘도, 고효율 디스플레이를 개발할 수 있다는 가능성을 제시하며 주목받았고, 전 세계적으로 OLED를 본격적으로 연구하고 개발하게 되는 발화점이 되었습니다.

이후 OLED에 관한 연구 개발은 꾸준하면서도 활발하게 이루어져 왔는데, 연대순으로 소개하여 보겠습니다. 코닥에서의 저분자 OLED가 소개되고 약 2~3년 후인 1990년에 영국의 케임브리지대에서 저분자가 아닌 고분자 OLED 소자를 〈네이처^{Nature}〉지에 발표하여 OLED 연구의 두 번째 방향을 제시합니다. 1996년에는 TDK 사에서 최초의 능동 구동형 OLED를 시연하죠. 1997년에는 일본의 파이오니어 사가 자동차의 오디오 기기용 OLED 제품을 개발하여 1999년에 제품화하고, 1999년에는 미국의 프린스턴대에서 인광 물질을 적용한 OLED를 발표합니다. 2001년 무렵에는 몇 가지 흥미 있는 연구 개발 결과들이 발표되는데, TDK 사가 백색 OLED에 컬러 필터를 채택하는 아이디어를 제시하고, 미국의 eMagine 사는 0.72인치급의 HMD$^{Head-Mounted Display}$용 고정세 OLED를 실리콘 기판 위에 제작하고, 일본의 소니가 13인치 SVGA$^{Super Video Graphics Array}$ 급의 AM-OLED 시제품을 발표합니다. 연이어서 소니는 2003년에 비정질 실리콘 백플레인 위에 만들어진 20인치의 인광 AM-OLED 시제품을 발표하죠. 그리고 같은 해에 일본의 야마가타대에서 텐덤^{tandem} 구조의 OLED 소자를 보고합니다. 2006년에는 미국의 UDC 사가 인광 이미터를 적용한 백색 OLED를 개발하고, 2007년에는 소니가 11인치급 OLED TV를 소개합니다.

2007년은 우리나라에게 있어 매우 중요한 해이죠. 삼성디스플레이에서 세계 최초로 AM-OLED 양산에 성공하면서 모바일 폰, 디스플레이의 새로운 모델을 제시하고, 이를 적용한 갤럭시 폰에서는 현재까지 메인 디스플레이로 OLED를 채택하고 있습니다. 또한 2017년 하반기에 애플의 아이폰X에 OLED가 탑재되면서 고급 사양의 휴대폰에서는 OLED가 대세가 됩니다. 2008년에는 삼성디스플레이

OLED의 역사

1963
포프 외(뉴욕대학교)
안트라센 단결정의 유기 발광

1960 1970

1990
브로즈, 프렌드 등(케임브리지 대학교)
형광 고분자 OLED

1996
UDC
IPO(PANL)

1997
파이어니어
최초의 상업용 OLED :
자동차 오디오 디스플레이

1998
포레스트, 톰슨
(프린스턴, 서던캘리포니아 대학교, UDC)
인광 OLED

1998
파이어니어
5.2인치 풀 컬러

1999
SK디스플레이
2.4인치 풀 컬러 AMOLED

2000
CDT, 앱손
2.8인치 IJP PLED

모토로라
최초의 상업용 휴대폰 디스플레이:
Timeport 8768

삼성SDI
8.4인치 LTPS

소니
13인치 SVGA AMOLED

필립스
IJP PLED PMOLED

소니
13인치 상부 발광 AMOLED

2001

1990 2000

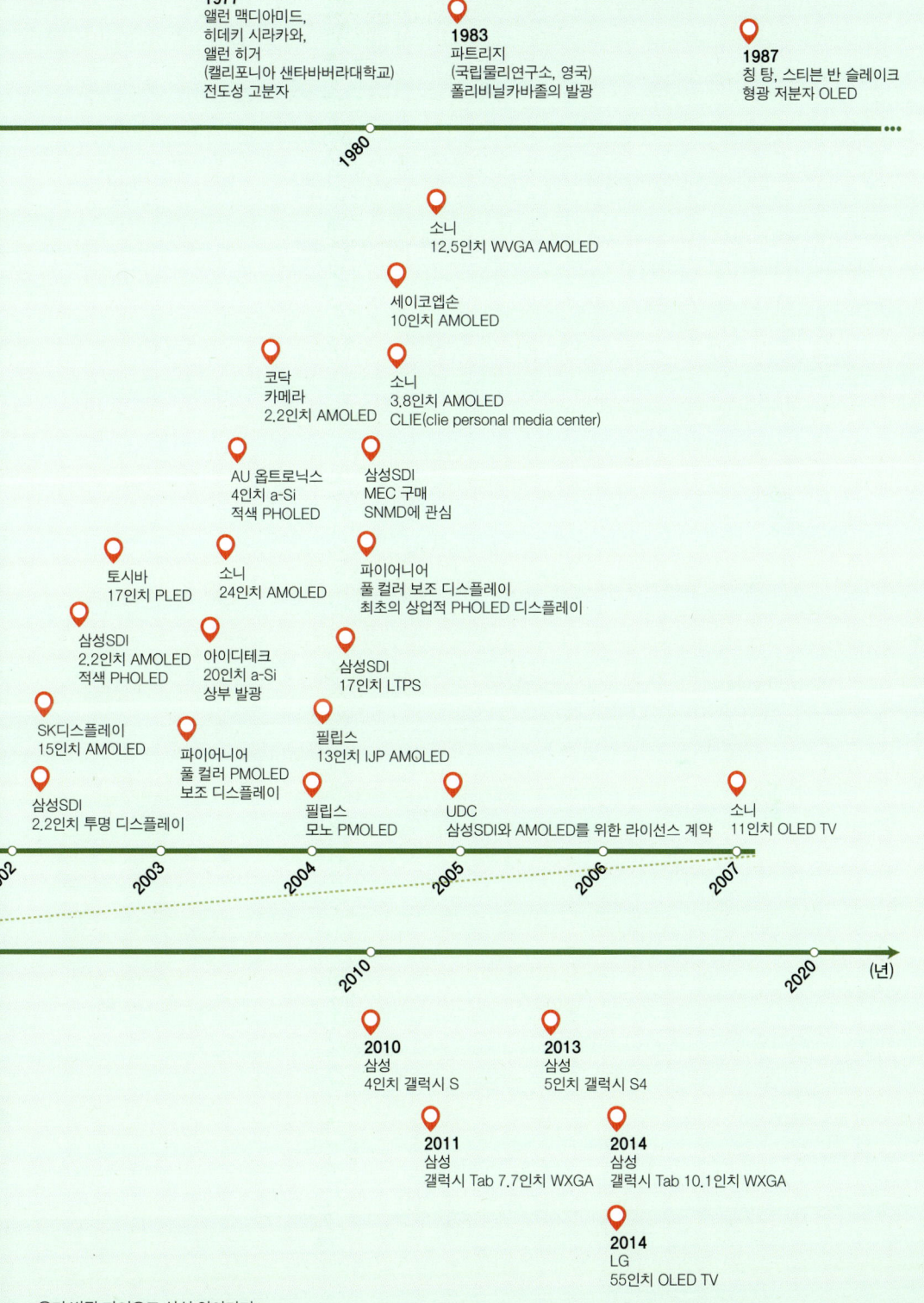

가 12인치급 투명 OLED, 4인치급 유연 OLED를 연이어 발표합니다. 2009년에는 코닥이 NTSC 규격을 100% 만족시키는 백색, 컬러 필터 방식을 적용한 저전력 OLED를 소개하죠. 이 무렵 일본의 코니카 미놀타와 네덜란드의 필립스가 OLED 조명 사업을 본격적으로 시작합니다. 2010년에 일본의 규슈대는 열활성 지연 형광Thermally Activated Delayed Fluorescence, TADF 동작 기구를 제안하며, 미국의 UDC는 백색 OLED의 효율로 100lm/W를 넘깁니다. 2013년에 LG디스플레이는 55인치급 OLED TV를 소개하면서 TV의 새로운 영역에 들어섭니다. 이후부터 지금에 이르기까지 소형은 삼성디스플레이, 대형은 LG디스플레이의 양강 구도가 형성되어 OLED를 모바일 기기들과 TV 등에 폭넓게 적용하면서 선두를 유지하고 있습니다. 중국은 한국의 기술을 획득하여 선두 진입을 위하여 혼신의 힘을 기울이고 있으며, 일본은 용액 공정과 새로운 소재, 장비 기술의 활용을 통하여 역전을 노리고 있죠. 한국은 이러한 견제와 추격을 의식하며, 유리 기판에서 플라스틱 기판으로, 롤러블과 폴더블 OLED를 통하여 기술 격차를 유지하기 위해 전력투구 중입니다.

한편, 분자량이 10만 이상인 유기화합물을 이용하는 고분자 OLED의 연구 개발도 1990년대부터 시작되었는데, 연구의 초기 단계에는 저분자와 고분자 두 종류의 유기물질 가운데 상용화에 어느 것이 유리한가에 대해서도 다소 논란이 있었습니다. 하지만 결과적으로 고분자 소자가 지닌 색 순도, 수

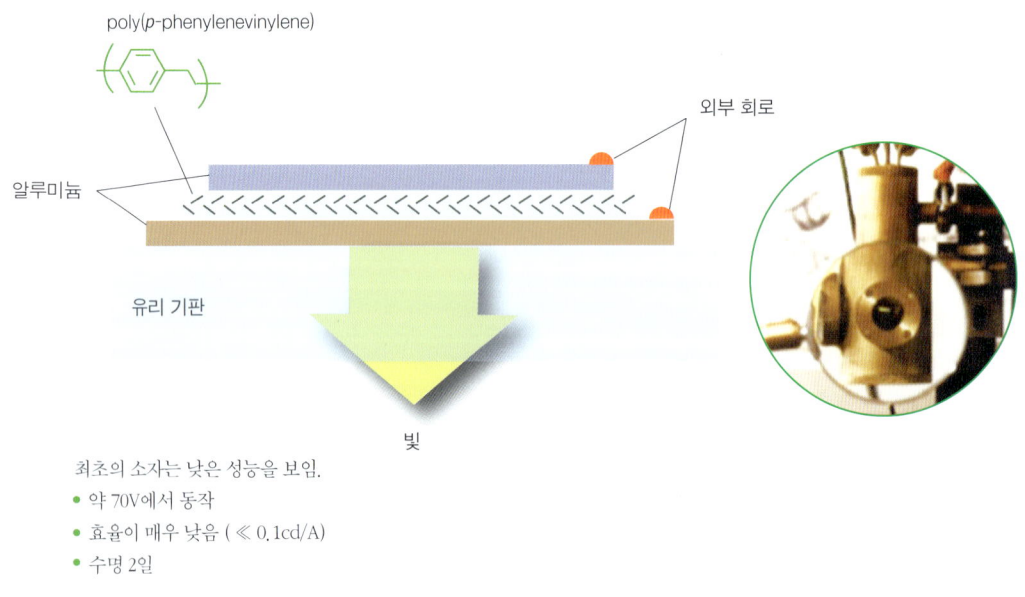

최초의 고분자 발광 소자

명, 효율 등에서의 문제점들로 인하여 저분자 OLED 소자가 먼저 상용화되었습니다. 다만, 고분자 물질 또한 용액 공정, 유연 디스플레이 적용 가능성을 목표로 상용화를 위해 연구가 진행 중입니다. 이제 격전의 장이 되는 OLED의 세계로 한 발 더 들어가 보죠.

더 생각해보기

- OLED의 실용화 역사에서 어떠한 위기들이 있었고, 어떻게 극복되었는지 알아보자.
- 앞으로 나아갈 방향은 어떻게 설계될 수 있을까?

OLED 특징과 장점

OLED는 스스로 빛을 내는 자발광 디스플레이입니다. 그리고 현재 경쟁 중인 LCD는 비자발광 디스플레이죠. 이에 따라 OLED는 LCD와 비교할 때 자발광 디스플레이로서의 특징과 장점들을 가지게 됩니다. 성능 면에서 볼 때, 소재의 개발이 진행될수록 색 순도가 높아져서 다양한 색과 높은 색 재현율을 구현할 수 있으며, 화소 단위로 점멸되므로 완전한 블랙이 가능하고 빛이 번지는 무라 현상도 없어 명암비가 높습니다. 응답 속도도 빨라 동영상 구현에도 유리하죠. 구조에 있어서도 BLU^{Back Light Unit}

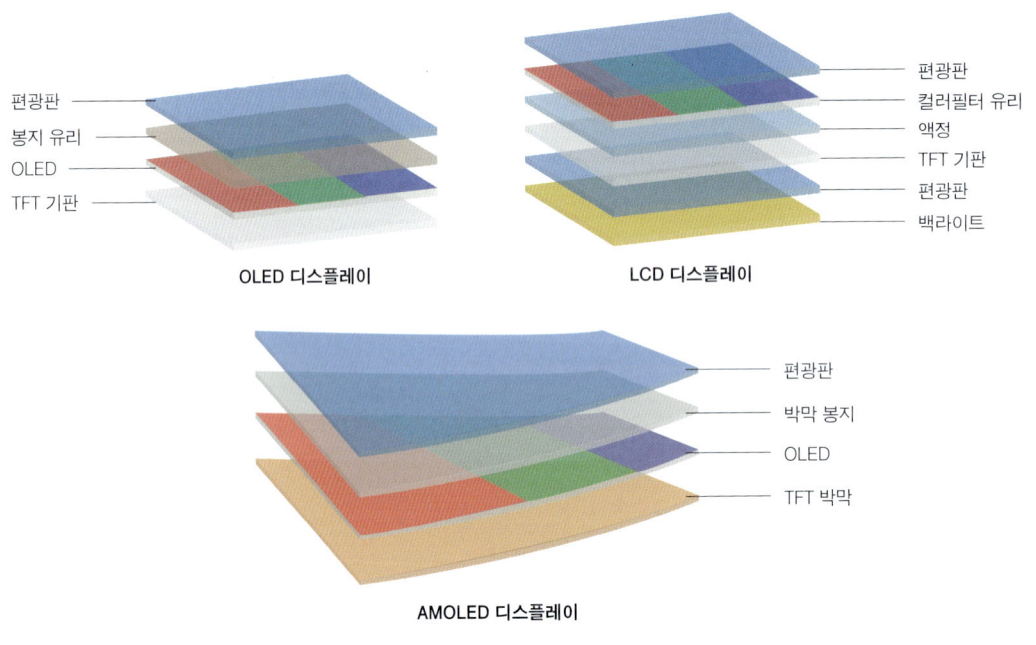

OLED, LCD, AMOLED 구조

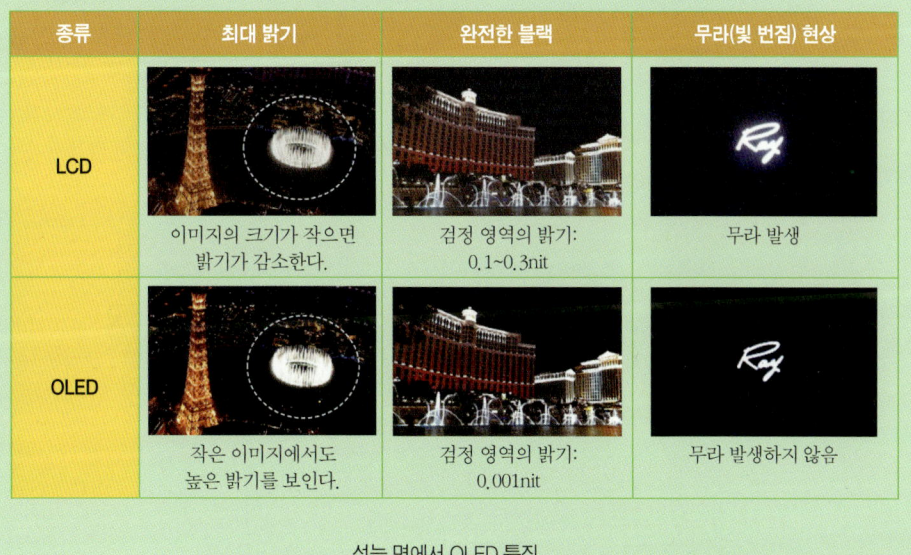

OLED, LCD, 마이크로 LED 비교

성능 면에서 OLED 특징

와 컬러 필터가 필요하지 않으며 얇은 박막들로만 구성되므로 얇고 가볍습니다. 또한 공정 온도를 낮추어 플라스틱 기판 위에도 제작이 가능하므로 휘어지거나 접고 마는 디스플레이도 가능합니다. 특히, BLU가 없어 소비 전력이나 효율 면에서도 유리하죠. 다만, 아직 완벽하게 해결하지 못한 문제점들이 유기물질의 열화^{burn-in}에 따른 잔상과 수명, 특히 효율이 낮은 파란색 발광 물질 등에 잔존하고 있습니다. 이에 더하여 물과 습기에 약하다는 이유로 전형적인 포토리소그래피 대신에 FMM^{Fine Metal}

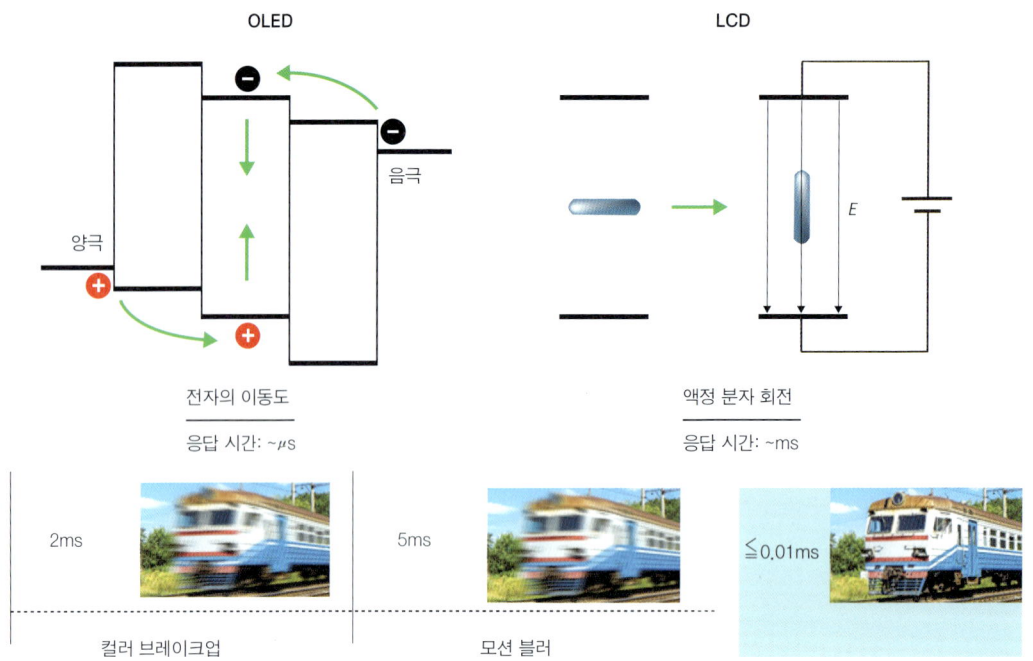

응답 면에서 OLED 특징

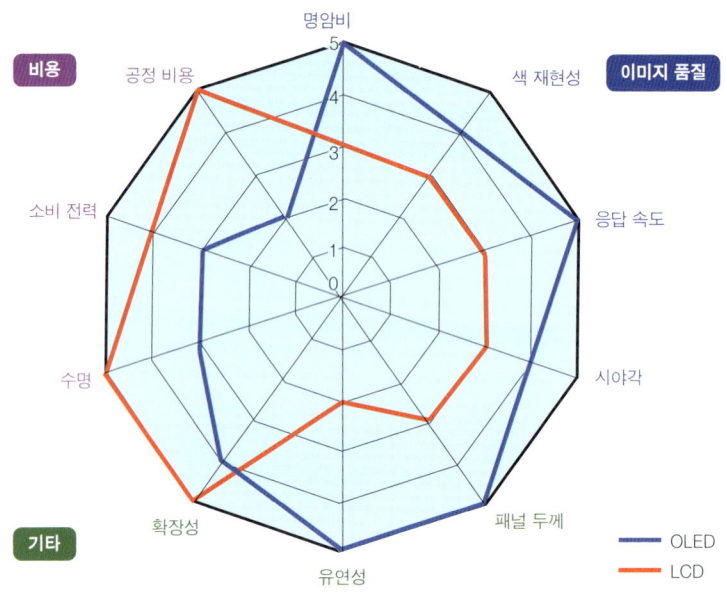

OLED와 LCD의 강점과 약점

Mask을 이용하여 패터닝을 함으로써 발생하는 대면적, 고해상도 이슈 그리고 생산성과 수율과 관련된 가격 경쟁력에서의 불리한 점 등이 해결되어야 할 포인트입니다. 그러나 이는 연구 개발을 통하여 충분히 개선할 수 있는 문제들이죠.

더 생각해보기

- OLED의 장점들은 응용 면에서 어떻게 발휘될 수 있을까? 일례들도 들어 보자.
- 단점이나 약점들은 무엇이며, 어떻게 극복되어 갈까?

OLED 응용

OLED의 응용도는 크게 두 가지로 분류할 수 있습니다. 즉, 디스플레이와 조명이죠. 디스플레이에서는 먼저 7 세그먼트형 문자나 숫자 표시기가 있고, 좌표 구동을 따르는 매트릭스형이 있습니다. 매트릭스형은 수동 구동 방식과 능동 구동 방식으로 구분이 되는데, 해상도가 높아지고 화면이 커질수록 능동 구동 방식을 취합니다. 지금의 모바일 폰, 태블릿, TV용 OLED는 대부분 이에 해당하죠. 양면 발광이 가능한 투명 OLED는 사이니지, 쇼 윈도나 스마트 윈도에도 사용할 수가 있습니다. 기판이

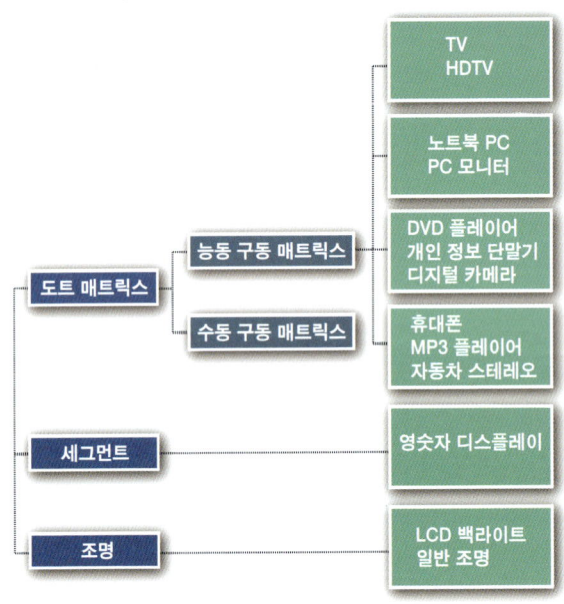

OLED 응용

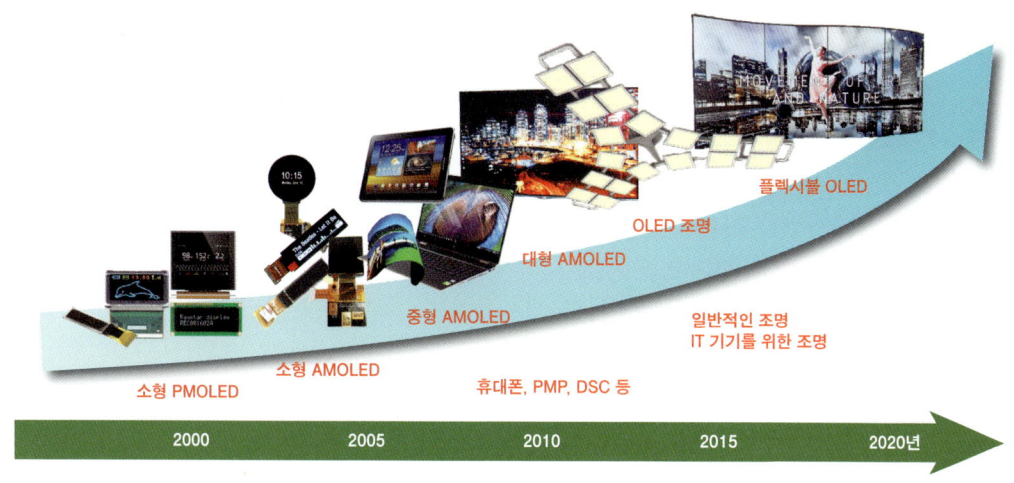

OLED 트렌드

　유리에서 유연성이 있는 플라스틱으로 확장되면서 변형이나 휨을 강조한 웨어러블 기기, 폴더블 폰, 롤러블 TV 등으로 응용 분야들이 더욱 다양해지는 추세입니다.

　조명의 경우, OLED 고유의 색이나 색온도 변환 기능, 투명 그리고 구부러지거나 휠 수 있는 면 광원으로써 성능부터 디자인에 이르기까지 미래의 감성 조명으로 이어질 특징들이 다양합니다. 이를 토대로, 간접 조명이나 부 조명 등을 거쳐 주 조명으로의 응용에 이르기까지 현재 다양한 제품, 활발한 사업화가 준비되고 진행 중입니다. 다음으로, 이제 막 시작되고 있는 유연 디스플레이, OLED의 또 다른 응용, OLED 조명의 특징, 실용성을 다음 코너에서 좀 더 짚고 넘어가겠습니다.

- 디스플레이의 3대 시장인 모바일 기기, 모니터, TV에 더해 OLED는 어떤 시장들을 더 열어갈 수 있을까?

유연 디스플레이

OLED는 공정 온도가 낮고 열 안정성이 좋은 폴리머 개발을 통해 유리 기판뿐만이 아니라 플라스틱 기판, 더 나아가서는 탄성 폴리머 기판 위에도 제작될 수 있습니다. 그리고 OLED 대부분의 소재는 유기물이죠. 이러한 특징으로 인해 변형이 가능하고, 탄성이 있으며, 생체 친화성으로 진화할 수 있습니다. 따라서 유연, 탄성, 생체 삽입형 디스플레이로서의 응용도 가능해집니다. 이를 통하여 현재 출

유연 디스플레이의 진화

시 중인 접을 수 있는 폰, 말 수 있는 TV를 넘어서 몸에 감거나 붙이는 디스플레이, 자동차의 내부와 같은 곡면에 설치하는 디스플레이 그리고 콘택트렌즈와 같이 체내에 일부 삽입하는 디스플레이 등이 고안될 수 있습니다.

더 생각해보기

- 휨에서 늘림과 줄임 그리고 생체 삽입까지의 과정에서 개발되어야 할 기술들은 무엇일까?
- 기술 발전과 함께 개인 용도로 활용할 제품들은 어떤 것들이 출시될까?

OLED 조명

조명은 각종 광원을 이용하여 어떠한 목적을 가지고 특정의 장소를 밝게 하는 행위나 기능을 말합니다. 조명을 위한 광원으로는 고대 이집트 등에서 촛불, 횃불 등이 사용되어 왔으며, 나름 과학적인 기반을 갖춘 조명용 광원은 1780년대의 오일 램프로부터 시작합니다. 이후, 1795년에 가스를 이용한 램프가 개발되었고, 1800년대에 들어서면서 전기를 이용한 조명 쪽으로 무게중심이 옮겨가죠. 1800년대 초에 백금 필라멘트, 진공관 램프 등이 연구 개발되고, 1840년대에는 아크 램프가 출현합니다. 1867년에 최초로 형광 램프가 개발되고, 1875년에는 백열전구가 등장하죠. 그리고 1880년에 보다 수명이 긴 필라멘트가 만들어지고, 뒤를 이어 1884년에 기체 방전관이 나옵니다. 조금 시간이 흘러 1926년에 형광등용 저압 가스 방전 장치가 개발되어, 제너럴 일렉트릭이 형광 램프를 생산하게 되죠. 형광체의 발견에서부터 형광 램프의 생산까지는 무려 260년이 걸렸습니다. 1973년에는 콤팩트 형광 램프가 등장하고, 1990년대에는 LED 조명이 등장하여 활성화되기 시작하였습니다. 2000년대에 들어서면서 백열전구는 점점 역사의 뒤안길로 사라져 가고, 요즘은 형광 램프들이 LED 조명으로 대체되고 있습니다.

조명용 광원의 역사를 돌이켜 보면 1780년대에는 아르강 램프 Argand burner로 대표되는 오일 램프, 1790년대에는 가스등, 1870년대에는 야블로치코프 양초 Yablochkov candle를 비롯한 아크등, 1880년대에는 백열전구, 1890년대에는 네온사인과 방전등, 1970년대에는 콤팩트 형광등, LED 조명으로 이어지며, 2000년대에 새로이 등장하고 있는 광원이 OLED 조명입니다. 여러 발명가의 노력이 결실을 보아 왔지만, 그래도 대표적인 조명 발명가들을 꼽으라면 오일 가스등(1810년)의 머독 W.Murdoch, 백열전구(1879년)의 에디슨 T.Edison, 형광등(1934년)의 테이어 R.Thayer와 인만 G.Inman, 콤팩트 형광등(1976년)의 해머 E.Hammer, 백색 LED(2006년)의 홀로니악 N.Holonyack 등을 들 수 있습니다. 일반용 조명의 광원은 백열

조명의 역사

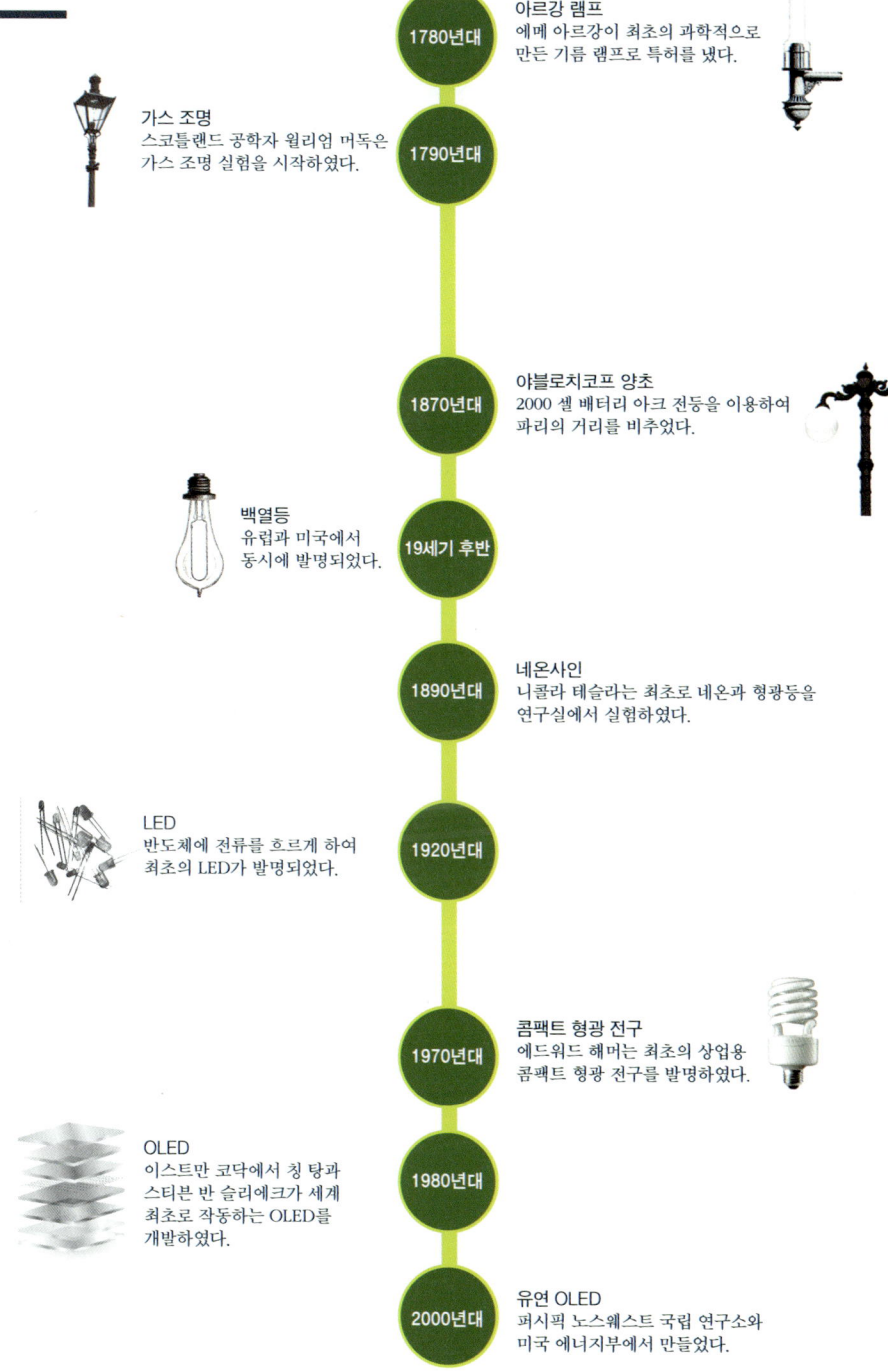

1780년대 — 아르강 램프
에메 아르강이 최초의 과학적으로 만든 기름 램프로 특허를 냈다.

1790년대 — 가스 조명
스코틀랜드 공학자 윌리엄 머독은 가스 조명 실험을 시작하였다.

1870년대 — 야블로치코프 양초
2000 셀 배터리 아크 전등을 이용하여 파리의 거리를 비추었다.

19세기 후반 — 백열등
유럽과 미국에서 동시에 발명되었다.

1890년대 — 네온사인
니콜라 테슬라는 최초로 네온과 형광등을 연구실에서 실험하였다.

1920년대 — LED
반도체에 전류를 흐르게 하여 최초의 LED가 발명되었다.

1970년대 — 콤팩트 형광 전구
에드워드 해머는 최초의 상업용 콤팩트 형광 전구를 발명하였다.

1980년대 — OLED
이스트만 코닥에서 칭 탕과 스티븐 반 슬리에크가 세계 최초로 작동하는 OLED를 개발하였다.

2000년대 — 유연 OLED
퍼시픽 노스웨스트 국립 연구소와 미국 에너지부에서 만들었다.

유기 발광 다이오드 상식 알아가기

OLED와 LED 조명 비교

전구에서 형광등, 그리고 콤팩트 형광등을 거쳐서 LED 조명으로 이어져 왔죠. 효율은 10lm/W에서 100lm/W 이상으로 올랐고, 수명은 천 시간 남짓에서 수만 시간으로 증가하였습니다.

LED 조명의 도약은 폭발적입니다. 2007년 4% 정도에 불과하던 조명 시장 점유율이 2019년에는 60%를 훌쩍 넘을 전망이며, 2020년에는 세 개의 조명 중에서 두 개는 LED가 될 것으로 예상하고 있습니다. 시장 규모도 거의 100억 달러에 이르고 있죠. LED 조명이 갖는 장점은 여러 가지입니다. 즉, 빛의 품질은 물론이고 긴 수명, 낮은 소비 전력과 높은 효율, 디자인 자유도와 환경 친화성 등 실로 다양하죠.

이러한 LED 조명의 아성에 감히 도전하는 OLED 조명은 LED가 지니지 못하였거나 아직은 부족한 몇 가지 독특한 특징을 가지고 있죠. 빛의 품질이 동등하거나 우위에 있고, 열이 적게 발생하며, 자외선 발생 정도가 작습니다. 또 투명한 조명이 가능하고, 점광원이 아닌 표면 광원이 가지는 편안함과

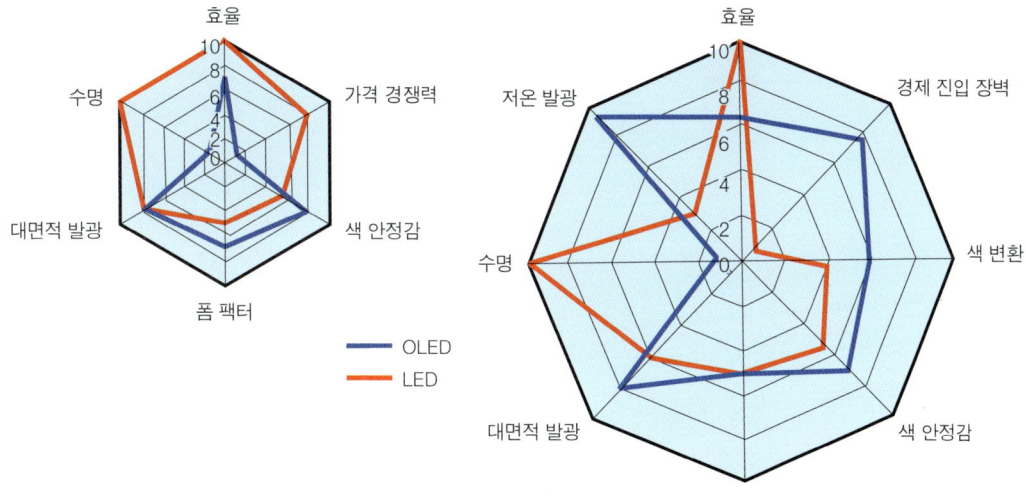

OLED와 LED 조명의 강점과 약점

얇고 가벼우며 모양을 바꿀 수 있는 디자인 유연성 등이 특징입니다. 물론 이런 특징들이 아직은 LED 조명에 비해 많이 열세인 수명과 가격, 기술의 성숙도, 아웃 도어용으로서의 취약함 등을 어떻게 극복하여 가느냐가 관심을 끌고 있습니다. 다음 코너에서 이야기를 더 이어가 보죠.

더 생각해보기

- 조명의 기원으로부터 오늘에 이르기까지의 많은 이야기, 재밌거리들을 풀어 보자.
- 앞으로의 조명은 어떤 성능과 특징들이 필요할까?

수식으로 원리를 잡다!

※ Recombination rate

$R_e = R_{ec} pn$ $\quad (R_{ec} = \dfrac{G_{th}}{n_i^2})$

↓ Net recombination rate

$U = R_e - G_{th} = R_{ec}(pn - n_i^2)$

N형 반도체 : $U = R_{ec}(pn - n_i^2) \approx R_{ec} \Delta p N_D = \dfrac{\Delta p}{\tau_p}$ → $\tau_p = \dfrac{1}{R_{ec} N_D}$

P형 반도체 : $U = R_{ec}(pn - n_i^2) \approx R_{ec} \Delta n N_A = \dfrac{\Delta n}{\tau_n}$ → $\tau_n = \dfrac{1}{R_{ec} N_A}$

∴ Doping 농도가 높을수록 recombination 이 잘 되고, 수명이 짧아진다.

R_{ec} : Recombination coefficient
G_{th} : Thermal generation rate
n, p : carrier 농도
τ : carrier 수명
N_D : net donor doping on the N side
N_A : net acceptor doping on the P side

Q) GaAs에 주입된 electron의 농도는 $5 \times 10^{17} cm^{-3}$, 주입된 hole의 농도는 $2 \times 10^{16} cm^{-3}$ 이며, 300K에서의 recombination coefficient (R_{ec})가 $7.2 \times 10^{-10} cm^3/s$ 이다. 위 조건에서 carrier hole의 수명은 얼마인가?

$n = 5 \times 10^{17} cm^{-3}, \quad p = 2 \times 10^{16} cm^{-3},$

$R_{ec} = 7.2 \times 10^{-10} cm^3/s \quad (\text{in } 300K).$

$N_D = n - p = 5 \times 10^{17} cm^{-3} - 2 \times 10^{16} cm^{-3}$
$\quad\quad = 4.8 \times 10^{17} cm^{-3}$

$\tau_p = \dfrac{1}{R_{ec} N_D} = \dfrac{1}{(7.2 \times 10^{-10} cm^3/s)(4.8 \times 10^{17} cm^{-3})} = 2.8935 \times 10^{-9} s$

∴ τ_p 는 2.89 ns 의 수명을 가진다.

OLED 조명의 장점과 단점

OLED 조명은 유기물을 이용하는 면광원입니다. 즉, 전압을 인가하게 되면 발광층으로부터 빛이 나오게 되죠. 전하 주입층, 수송층 등은 전하, 즉 전자와 정공들의 흐름을 최적화하여 발광층의 성능을 최고로 만드는 역할을 하죠. 이러한 OLED 조명이 갖는 이점들은 다양합니다. 먼저 면광원이므로 눈부심 glare이 없고 균일한 빛을 만들어내죠. 사용 전압이 낮고 효율이 높아 소비 전력이 낮으며, 색 재현율이 우수하고 색과 색온도의 조절과 제어도 가능합니다. 즉, 천연색이나 태양광 스펙트럼을 만들어낼 수 있죠. 얇고 가벼우며, 휨과 같은 변형을 줄 수도 있습니다. 투명할 수도 있죠. 수은과 같은 유해 물질을 쓰지 않는 친환경 소자이며, 자외선 방출도 최소화할 수 있습니다. 열 발생이 적어 방열판 heat sink이 필요하지 않죠.

특히, LED는 점광원이지만 OLED는 면광원이라서 LED처럼 눈부심 방지 등을 위한 확산판 설치

장점	단점
OLED는 플라스틱 기판을 이용하여 얇고 가볍다. LED보다 밝아서 소비 전력이 더 낮다.	수명이 짧은 것이 시장에서의 가장 큰 한계점이다.
OLED의 발광층은 유연하여 휠 수 있다.	높은 생산 단가는 제조 회사의 주요 고민이다.
디스플레이 기기에 사용되는 OLED는 170도의 넓은 시야각을 가진다.	OLED는 물로 인해 쉽게 손상되어 디스플레이 기기에 적용하기가 쉽지 않다.

OLED 조명의 장단점

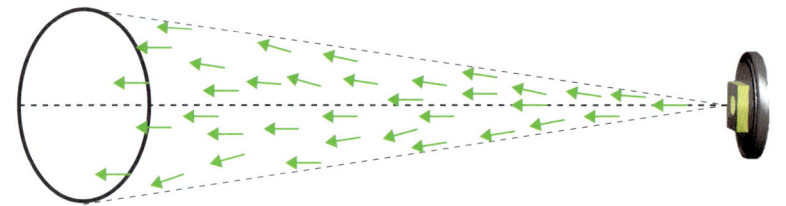

LED는 점광원으로, 빛이 모두 광원에 집중되어 강한 빛을 발산한다.
이로 인해 LED를 직접 쳐다봤을 때 눈이 부시다.

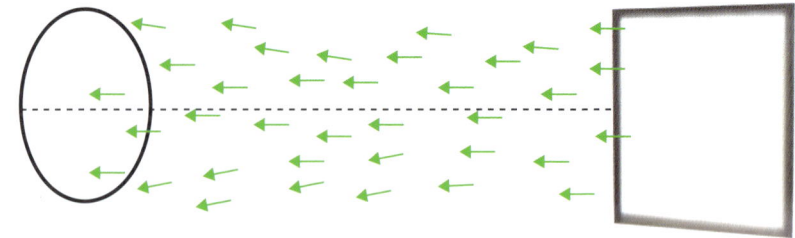

OLED는 면광원으로, 빛을 패널의 전체 면적을 통해 골고루 발산한다.
따라서 OLED를 직접 쳐다보아도 눈이 부시지 않는다.

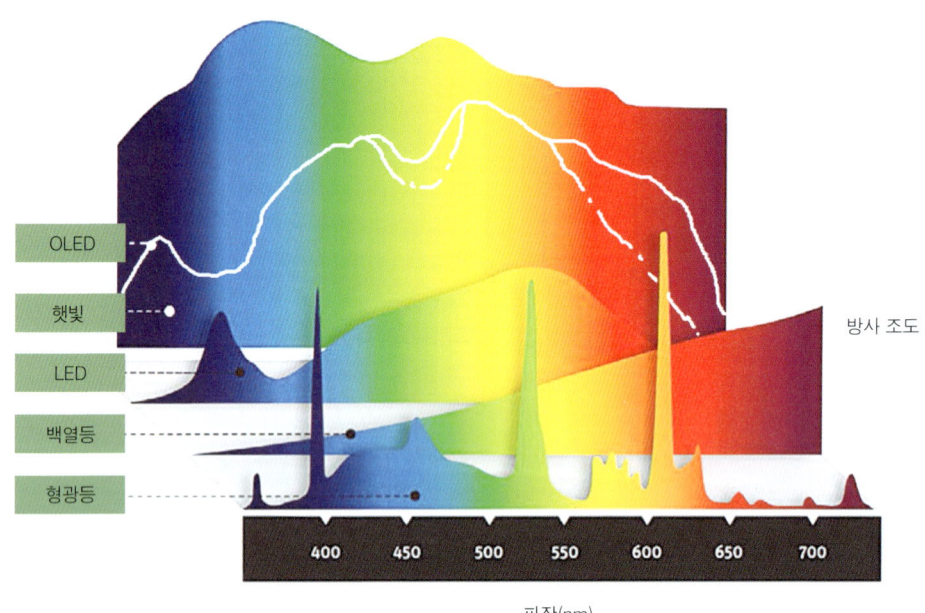

면광원(위)과 스펙트럼(아래)

가 필요하지 않고 이 외의 구성품, 조립 과정도 단순합니다. 또한 백색을 만들더라도 스펙트럼이 가시광선 전반에 걸쳐 넓게 퍼져 있으므로 햇빛에 가까운 보다 안정감 있고 편안한 빛을 만들죠. 이와 함

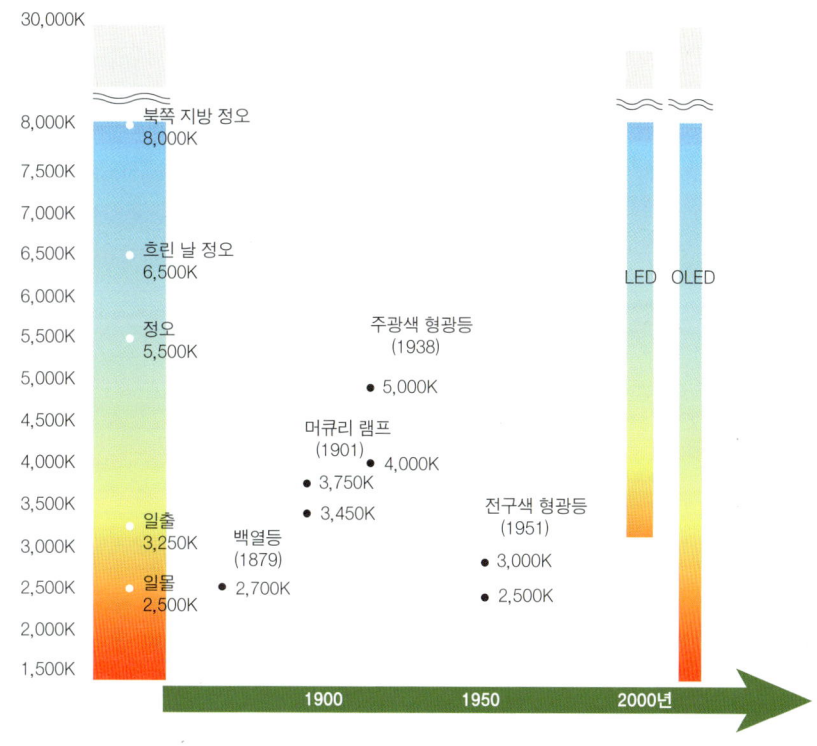

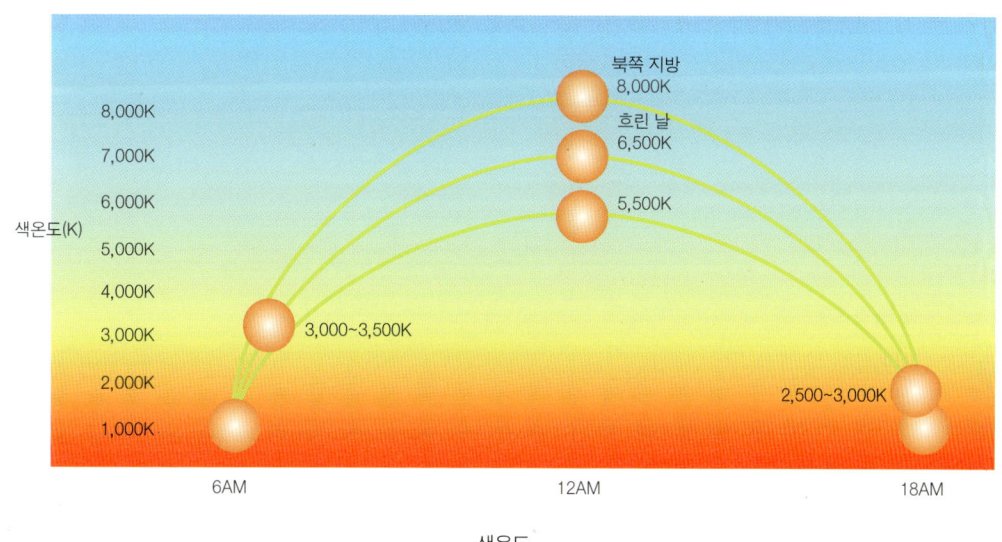

색온도

께 태양이 동쪽에서 떠서 정오를 지나 서쪽으로 저물어 가는 동안에 변해 가는 색온도의 변화를 그대로 따를 수 있어 감성 조명의 완벽한 스펙트럼을 제공할 수 있습니다. 현재 눈의 건강에 문제가 되는

415~455nm 파장의 청색 영역$^{\text{deep blue}}$ 발생도 억제할 수 있습니다.

결론적으로 현재의 시점에서 LED 조명과 비교할 때, 색이나 스펙트럼, 디자인과 모양, 열 문제 등과 관련된 부분에서는 우위를 점하고 있지만, 효율, 밝기와 수명, 가격에서는 열세입니다. 물론 이러한 부분들은 기술 개발이 가속화된다면 해결이 가능하다고 봅니다. 하지만 이는 기업의 의지가 필요하죠.

 더 생각해보기

- OLED 조명의 장점은 무엇이며, 이를 어떻게 활용할 수 있을까?
- OLED 조명의 단점은 무엇이며, 이를 어떻게 극복할 수 있을까?

OLED 조명의 디자인과 (시)제품

OLED 조명을 효과적으로 사용할 수 있는 공간이나 장소들은 우리의 실생활과 밀접하게 관련이 있으며 실로 다양합니다. 가정은 물론 호텔의 로비나 룸, 행사장, 병원, 카페 등에서 용도와 취향에 맞도록 설계하고 설치할 수가 있죠. 기능이나 성능도 유연성의 강조, 투명 디자인, 터치 디밍 기능 등을 접목하여서 간단한 문자 표시기에서 장식, 스마트 거울, 큰 샹들리에 등에 이르기까지 다방면에서 장점을 발휘하고 있습니다.

현재 OLED 조명 산업의 발전을 고려할 때, 고급 조명 부문과 장식 조명 부문이 사무용 조명 부문 및 자동차용 조명 부문에 이어 최대의 상용화가 될 것으로 예상되며, 주거용 조명 부문은 앞으로 5년 이내에 더 이상 상용화가 이루어지지 않을 것으로 보인다.

OLED 조명 응용 사례와 기업들

OLED 조명의 기능과 제품들

2019년 현재, OLED 조명으로 새로운 도전에 나서고 있는 회사들을 나열하여 보면, 에이슨테크놀로지Ason Technology, 블랙바디Blackbody, 퍼스트오라이트First-O-Lite, 제너럴일렉트릭GE, 코니카미놀타Konika Minolta, 엘지디스플레이LG Display, 닛폰전기조명NEC Lighting, 오스람Osram, 필립스Philips, 쇼와덴코Showa Denko, 도시바Toshiba, 유니버설디스플레이Universal Display 등을 꼽을 수 있습니다. 이들은 각각 소재와 소자 혹은 디자인과 응용도 등에서 고유의 강점들을 바탕으로 새로운 시장을 노크하고 있죠. 아이디어와 장식이 가미된 미니 일상용 조명, 가벼움을 이용하여 줄로 연결한 동그라미 광원들, 빗줄기에 걸린 불빛의 느낌을 주는 디자인, 개인 소비자를 대상으로 온라인 판매하는 여러 모델의 휘는 면광원들, 등기구와 프레임의 디자인을 강조한 예술적인 조명, 빛나는 벽 혹은 구름처럼 뿌려지는 허공의 빛줄기들, 자동차 후미등 등의 미려한 설계 그리고 실내등의 우아함, 나뭇잎들처럼 부드럽게 일렁이는 얇고 곡선이 강조된 광원 그리고 미니 조명부터 대형 샹들리에까지의 새로운 모델들까지 디자인을 중심으로 한 예술 수준의 시제품, 제품들이 소개되고 있습니다. 이러한 내용과 작품들은 각 회사의 홈페이지나 전시를 통하여 우리에게 보여지고 있죠.

 **더 생각해보기**

- 조명의 사용자가 되어 OLED 조명이 특징을 발휘할 수 있는 용도를 생각해 보자.
- 조명의 디자이너가 되어 각 용도별로 OLED 조명을 설계해 보자.

OLED 조명의 전략과 전망

앞서 언급하였듯이 OLED 조명의 특징과 잠재적인 가능성은 높은 품질의 빛과 스펙트럼의 조절, 우수한 에너지 효율성과 친환경성, 폼 팩터의 특징과 디자인 자유도 등에 있습니다. 특히 색과 빛의 품질 향상과 디자인 아이디어의 접목은 OLED 조명을 가정은 물론 건축·광고·자동차·전시장 등에서 보다 폭 넓은 내장형 built in 응용, 다양한 성능과 형태로 안내할 것입니다. 이를 위해 효율과 함께 수명과 안정성, 아웃 도어 적응력, 가격에 관한 이슈들이 더욱 속도감 있게 해결되어야 할 것입니다. 특히 새로운 디자인을 통한 미관과 예술적인 감성에의 호소도 중요하죠.

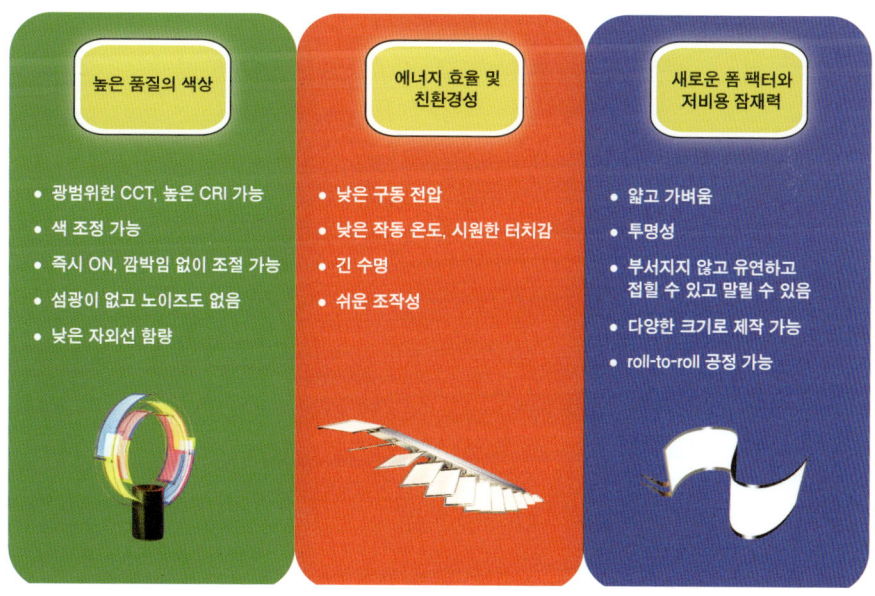

OLED 조명의 강점

기술적인 발전의 진행 방향은 디스플레이용 OLED와 큰 차이가 없습니다. 즉, 하부 발광보다는 상부 발광 또는 양면 투명 발광 쪽으로의 개선이 요구되며, 딱딱한 유리 기판보다는 소프트한 플라스틱 기판이 디자인 활용성을 높여 줄 것입니다. 형광 물질보다는 인광 물질의 적용이 효율과 수명 향상에 기여할 것이며, 반도체 박막 공정에서 용액 공정으로의 전이를 통하여 가격과 대면적 경쟁력을 강화할 수 있겠죠. 즉, 현시점에는 여전히 파랑 스펙트럼의 미완성, 두꺼운 유리와 패널, 아직은 작은 크기이지만 향후 수년 내에 패널 두께는 1mm 이하로 더욱 얇아지고, 빨강·초록·파랑이 모두 완전한 흰색 스펙트럼이 얻어지며, 스펙트럼의 제어도 가능해질 것입니다. 그리고 10년 이내에 플라스틱 기판에 만들어진 변형 가능한 조명, LED를 능가하는 최고의 효율, 1평방미터까지도 가능한 대면적화, 투명성과 보다 수려한 디자인으로 발전할 수 있겠죠. 물론 수은과 같은 유해 물질이 없고, 자외선 발생이 극도로 적은 친환경 조명으로서 말이죠. 응용 분야는 가정, 건축, 마켓, 병원, 사무실, 자동차 등을 거쳐 아웃 도어까지 확장이 될 것입니다.

OLED 조명의 추진력은 OLED 디스플레이의 발전에서 더욱 자극받을 수 있으며, OLED 디스플레이 시장이 커질수록 조명에게도 더 많은 기회가 주어질 것입니다. 다만, 초고속으로 발전되고 확장되

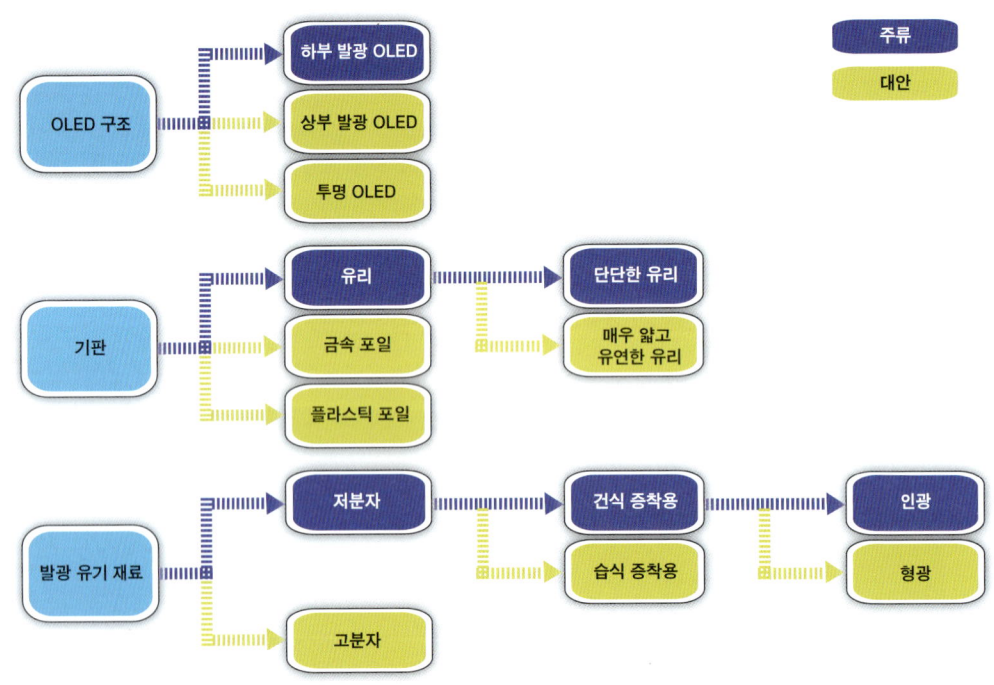

OLED 구조 및 재료의 발전

현재	2~5년 후	5~10년 후
• 유리 기판 • 커버 유리 패키지(1.8mm) • 파랑 색상에서 제한된 효율 • 초록과 빨강 색상에서 높은 효율 • 제한된 크기(15cm)^2 • 여러 가지 색상과 흰색	• 유리 기판 • 줄어든 두께(<1mm) • 초록, 빨강, 파랑 색상에서 높은 효율 • 더 커진 크기(30cm)^2 • 쉬운 색상 변화 • 모든 색상과 흰색	• 플라스틱 기판 • 유연 OLED • 초록, 빨강, 파랑, 흰색의 기록적인 효율 • 큰 크기의 타일(60cm)^2 • 투명 OLED • 꺼진 상태에서의 다른 외관

OLED 조명의 기술 발전 전망

고 있는 LED 성능과 시장에 어떤 전략으로 도전하는가 그리고 과감한 투자와 함께 디스플레이와는 또 다른 조명 산업, 시장의 가치 사슬value chain에 어떤 전략으로 적응할 수 있는가 등이 흥미로운 관점입니다.

더 생각해보기

- OLED 조명의 개발자와 생산자 입장에서 개발 및 판매 전략을 세워 보자.
- 조명의 사용자 입장에서 OLED 조명에게 요구할 수 있는 점들을 생각해 보자.

OLED의 구조

OLED는 양극과 음극 두 개의 전극 사이에 전자와 정공이 결합하여 빛을 만들어내는 발광층Emission Layer, EML이 샌드위치형으로만 되어 있어도 작동이 가능합니다. 이 구조는 1960년대에 처음 시작되었습니다. 그러다가 1980년대에 실용화 가능성을 보여 준 OLED 구조는 발광층을 별도로 형성하고, 여기에 정공 수송층Hole Transport Layer, HTL이 더해진 두 개의 유기층 구조였죠. 이 후에 보다 성능을 개선하기 위하여 유기층들의 수가 증가하는 다층막multi-layer 또는 이종 구조hetero-structure로 발전합니다. 즉, 캐

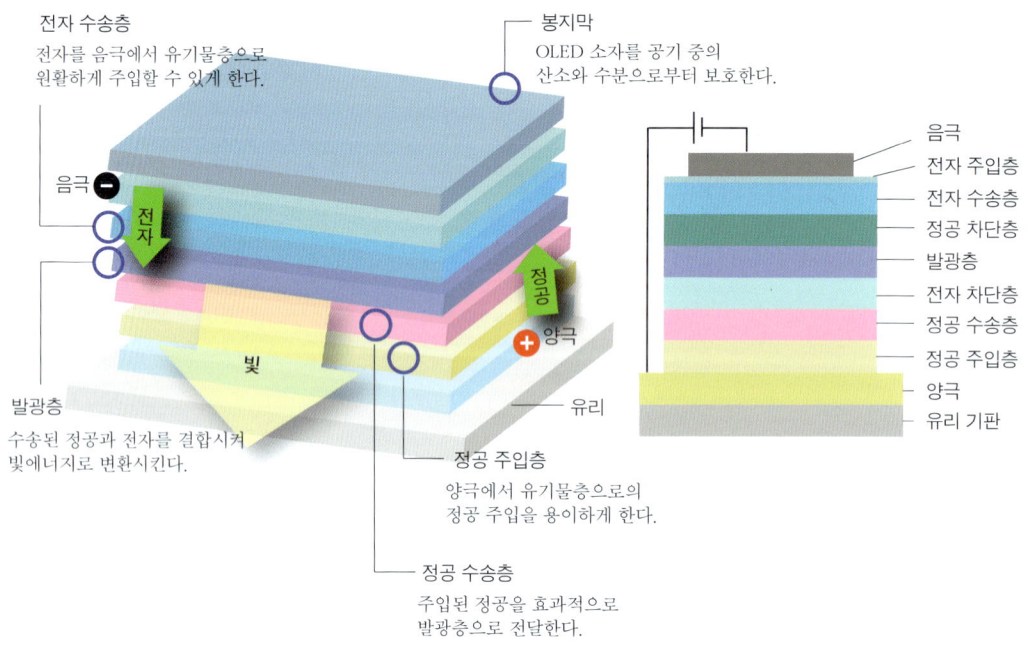

OLED 구조, 저분자형

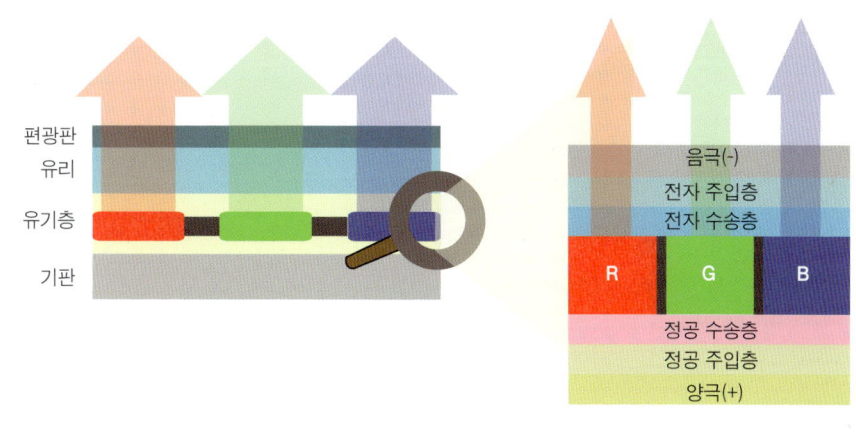

OLED 패널의 구조

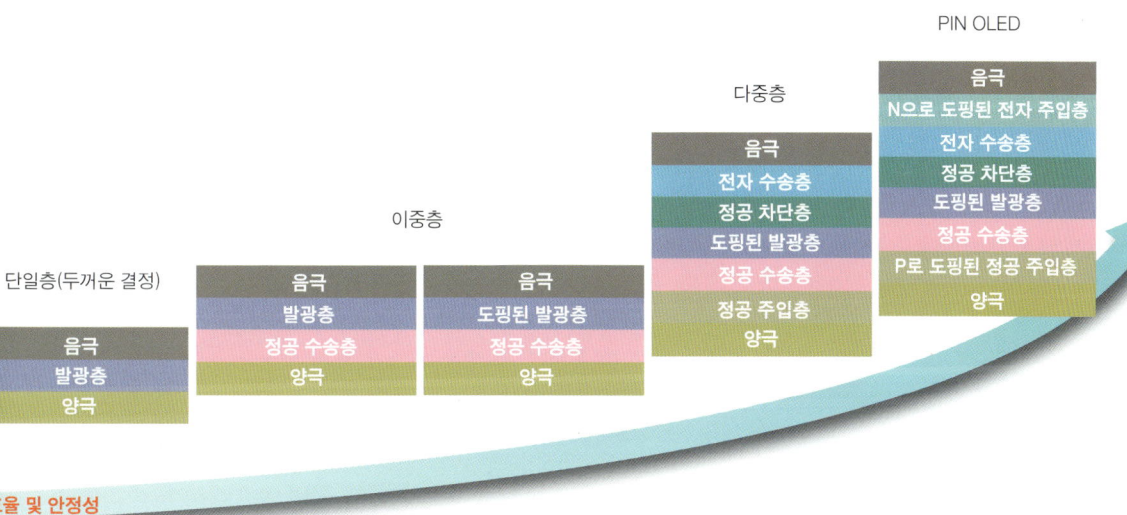

OLED 구조의 발전 과정

리어들인 전자와 정공들이 각각 음극과 양극으로부터 보다 쉽고 충분하게 주입되도록 하기 위한 전자 또는 정공 주입층Electron or Hole Injection Layer, EIL or HIL이, 양쪽 방향에서 주입된 전자와 정공들이 서로 개수와 속도의 균형을 가지고 발광층까지 이동하기 위한 전자 또는 정공 수송층Electron or Hole Transport Layer, ETL or HTL이 추가로 설치되었죠. 이에 더하여서 발광층에 도달한 캐리어들이 발광층을 지나 반대쪽으로 더 진행하지 않고 발광층 내에 머무르면서 계속 결합을 시도할 수 있도록 전자 또는 정공의 차단층 Electron or Hole Blocking Layer, EBL or HBL이 추가가 됩니다. 이러한 유기층들은 양극 쪽에서부터 따라가 보면 정공 주입층HIL, 정공 수송층HTL, 전자 차단층EBL, 발광층EML, 정공 차단층HBL, 전자 수송층ETL, 전자 주

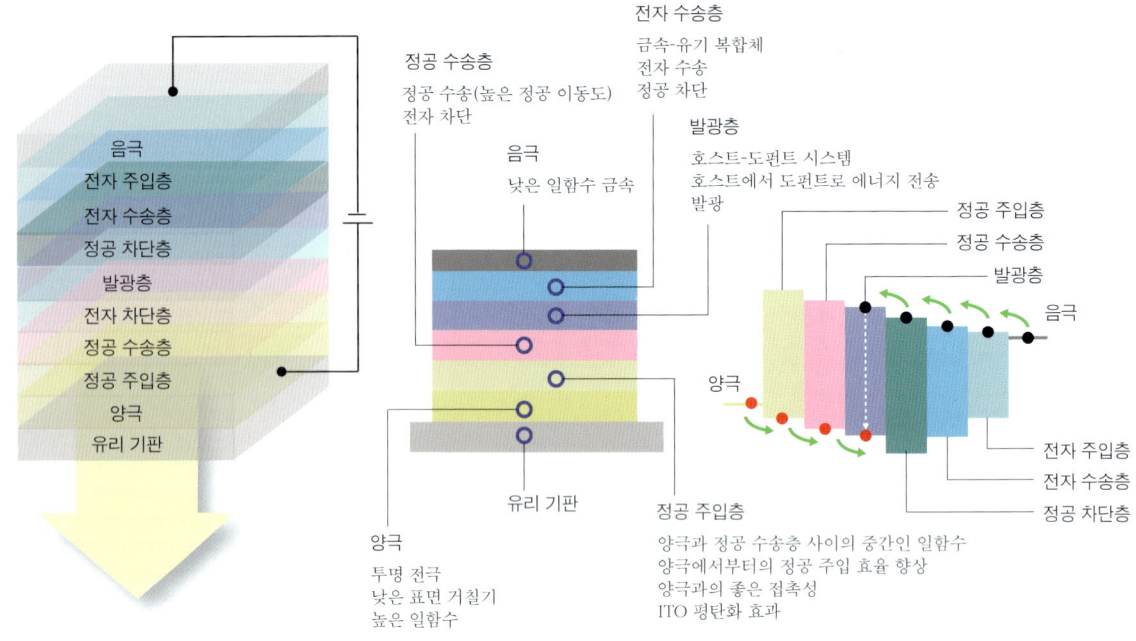

OLED 다층막 구조

입층EIL까지 총 7개에 이릅니다. 이러한 다층막 구조의 에너지준위는 각각 정공과 전자가 약간의 에너지 장벽을 극복하면서 원활히 이동하도록 설계됩니다. 다만 차단층에서는 차단하여야 할 캐리어에 대해서만 높은 장벽이 형성되죠. 물론, 양극과 음극의 전극 라인들은 서로 교차하는 방식을 취하며 교차점에 화소 또는 부화소가 형성됩니다.

한편, 제조 공정과 생산 가격을 고려하면 유기층의 개수가 너무 많아서 한 개의 층이 두 가지 이상의 역할을 하도록 물질을 설계하고 제조하여 유기층들의 수를 줄여 갑니다. 특히, 전자나 정공 차단층들의 역할을 수송층들이 함께 하는 경우가 많고, 전자 주입층은 음극 물질을 개선하거나 전자 수송층 역시 역할을 함께 하는 경우가 종종 있죠. 양극의 경우에는 투명 전극으로서 ITO 이외의 대안이 거의 없어서 정공 주입층은 대부분 필요하게 됩니다. 따라서 OLED는 기본적으로 4~5개의 유기층들로 이루어지며, 이러한 유기층들의 전체 두께는 약 200nm 정도입니다. 이는 빨강, 초록, 파랑 각각의 빛을 내는 부화소에 대한 설명이며, 만일 대형 OLED나 OLED 조명에서 쓰이는 백색 OLED의 경우에는 세 가지 색을 모두 만들어야 하므로 3원색에 대해 각각의 역할을 하는 유기물층들이 더 추가됩니다. 앞으로는 주로 RGB 발광을 독립적으로 하는 저분자 OLED 소자를 대상으로 설명을 이어가려 합니다.

제작된 OLED 패널은 봉지 구조로 완성되는데, 봉지encapsulation, passivation는 산소나 습기를 외부로

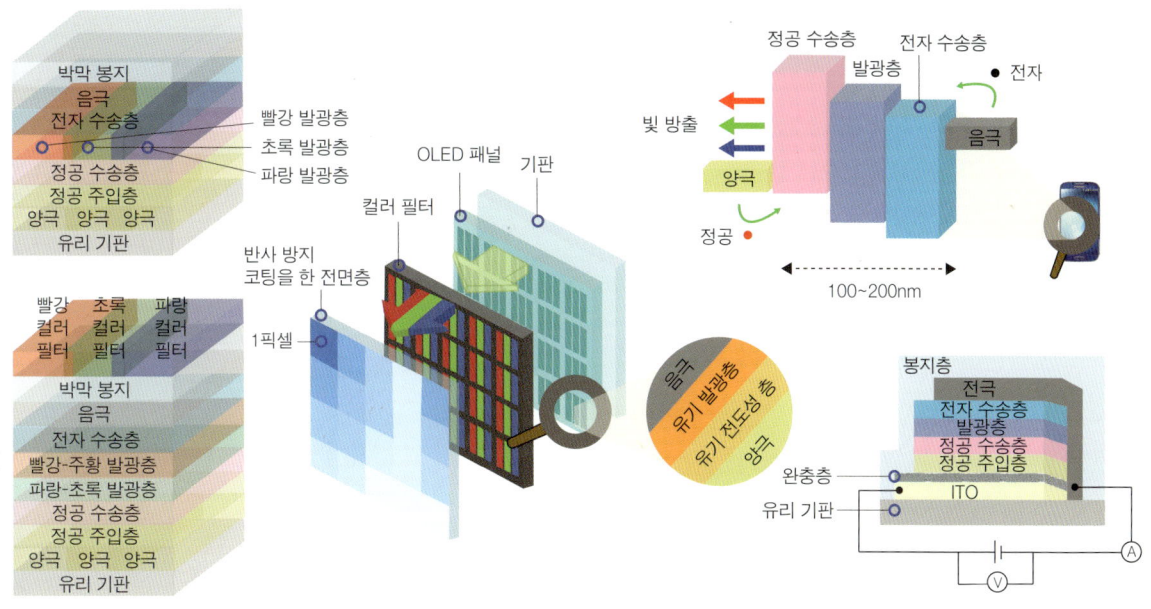

RGB와 백색 OLED, 봉지 구조

부터 차단하는 역할을 합니다. 만일, 산소나 습기가 OLED 내부로 들어간다면 전극과 유기물의 계면에 손상을 주어 소자의 작동을 방해하게 되죠. 따라서 진공 클러스터 내에서 음극 증착까지 완료된 OLED는 금속 캔이나 유리 뚜껑을 씌우거나 별도의 시트나 필름 등을 합착하여 산소나 습기의 침투를 막죠. 최근에는 무기와 유기막들을 증착하여 다층 구조의 보호막을 형성하기도 하며, 이를 박막 봉지Thin Film Encapsulation, TFE라고 표현하죠. OLED 패널에 구동 회로부를 부착하면 OLED 모듈이 되는데, OLED는 자발광 디스플레이이므로 별도의 광원은 부착되지 않습니다.

 더 생각해보기

- 각각의 역할마다 별도의 층(layer)들이 존재한다고 가정하고, 어떤 층들이 총 몇개의 층으로 OLED를 구성할까 묘사해 보자.
- 층들의 수를 줄이기 위해 하나의 층이 둘 이상의 역할을 할 수 있다는 것을 설명하고, 이로써 만들어지는 OLED 구조는 어떠할까?

유기 발광 다이오드 상식 알아가기

OLED의 동작 원리

동작 원리는 구조에서 설명하였듯이 양극에서 주입된 정공들과 음극에서 주입된 전자들이 각각 안쪽의 발광층으로 이동하고, 여기에서 결합함으로써 빛을 만들어내는 전계 발광 현상을 따릅니다. 발광이 일어나기까지의 과정을 살펴보면, 먼저 두 전극에서 캐리어들이 주입되고(injection), 다음으로 이동하게 되며(transport), 마지막으로 전자와 정공이 만나 여기자(exciton)를 형성하고, 형성된 여기자가

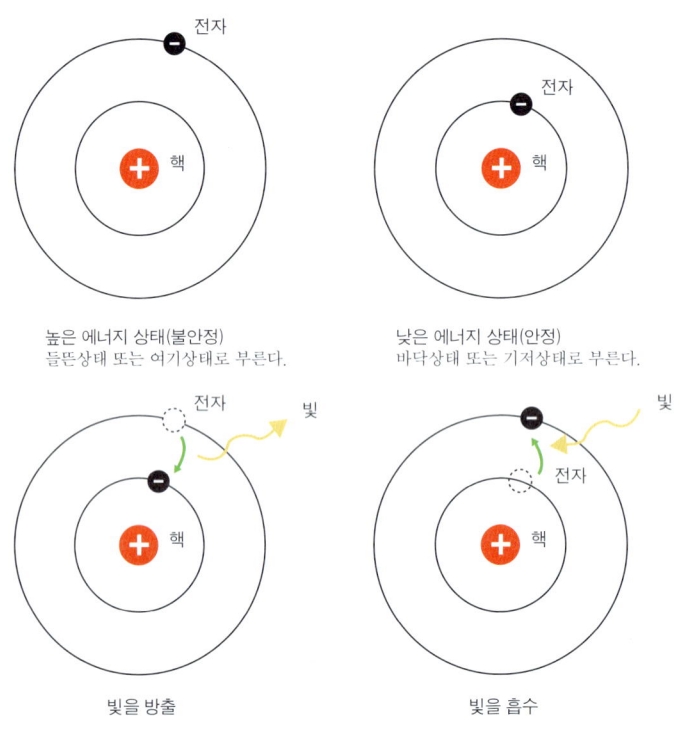

빛의 형성 과정

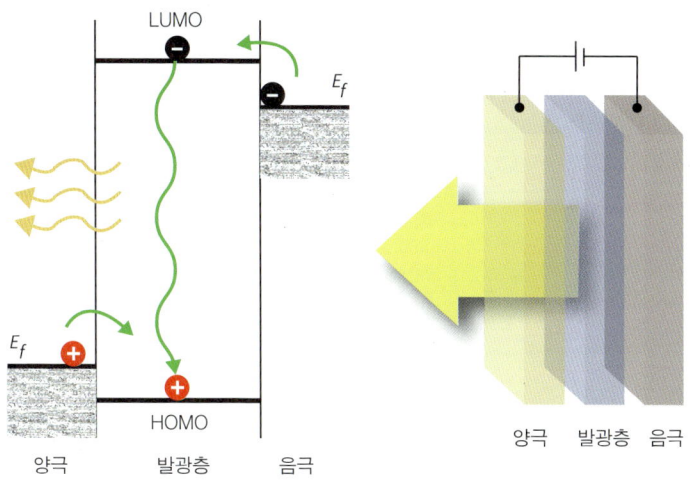

OLED 동작 원리

안정화되는 과정(recombination)에서 빛을 만들어내죠(luminescence). 물론 모든 에너지가 빛으로만 나오는 것은 아니며, 열과 같은 다른 에너지로도 변환됩니다. 동작 원리는 다음에서 다룰 'OLED에서의 캐리어 이동, 결합 그리고 발광'에서 설명을 이어갑니다.

 더 생각해보기

- 전기적인 에너지가 인가되어 빛이 나오기까지의 과정을 전자나 정공의 입장이 되어 말해 보자.

파도의 길을 떠난 제자들에게

꽃은 떨어지면 다시 피고 / 철새는 날아가면 돌아오지만
아이들은 떠나면 돌아오지 않고 / 파도 저 멀리로 나아간다

파도의 길에서 그들보다 앞서 / 힘겨운 경쟁과 혼돈을 겪었기에
그들이 안고 가야만 할 / 상처와 고통에 대한 우려가 크다

졸업까지는 성장이었고 / 성장된 힘과 노력으로
세상 어디에선가 외로이 / 파도를 마주하고 있으리라

선의의 경쟁만을 배웠지만 / 더 혹독한 경쟁도 있음을 느끼며
노력의 열매가 달지만은 않다는 것 / 최선만이 최선이 아니라는 것도
경험으로 깨닫고 있으리라

그들이 떠난 5월의 교정 / 그들의 꿈이 머물던 자리
함께 보낸 날들을 돌아보며 / 축복과 기원을 보낸다

파도 속을 헤매일 때에 / 별자리를 보고 길을 찾는 지혜로
바람결에 돛을 올리는 어울림으로 / 지혜롭게 어울리며 살아가기를

성공은 무모한 도전이 아니라 / 실패하지 않는 지혜에 있음을
인생은 맞서 헤쳐가는 것이 아니라 / 어울리며 가는 것임을 기억하기를

캐리어들의 이동, 결합 그리고 발광

무기물반도체는 공유결합한 단결정으로 원자들이 촘촘히 연결되어 있어서 에너지준위가 밴드를 형성하여 전도대와 가전자대로 정의됩니다. 하지만 유기물반도체의 경우 분자들이 약한 반 데르 발스 결합으로 다소 엉성하게 연결되어 있습니다. 그래서 서로 이산적인 discrete 분자궤도에 있어서 전자가 점유하고 있지 않으며 가장 낮게 위치한 분자궤도함수를 LUMO Lowest Unoccupied Molecular Orbital라 하고, 전자가 점유하고 있으며 가장 높게 위치한 분자궤도함수를 HOMO Highest Occupied Molecular Orbital로 표현합니다. 무기물반도체에서 이들은 각각 전도대와 가전자대에 해당하는 역할을 하죠.

다만, 무기물반도체에서는 전도대에 위치한 자유전자들이 전기장이 유도하는 방향으로 자유롭게 흐르지만, 유기물반도체에서는 전자들이 이산적으로 분포되어 있는 HOMO 준위들을 마치 징검다리를 건너가듯이 깡충 뛰기 hopping를 하며 이동합니다. 그리고 마침내 발광층에서 LUMO 준위에 있던 전자들이 HOMO 준위로 내려오면서 빛을 만들게 되죠.

전자의 이동에 대해 조금 더 들어가 보죠. 전자는 파동으로도 표현될 수 있는 입자입니다. 정공은 전자의 빈자리일 뿐이죠. 사실 유기물반도체에서는 무기물반도체의 전도대에서만큼 자유로운 전자는 없습니다. 대신 이동하려는 전자의 파동 에너지는 격자 진동에 의한 파동 에너지인 포논 phonon, 음자을 만나서 전자 포논 결합 electron-phonon coupling을 이루며, 이 결과로 파동 에너지가 왜곡되고 그 영향이 전달되면서 준입자인 폴라론 polaron이 생성되고 운동이 이루어집니다. 폴라론은 양의 폴라론과 음의 폴라론으로 구분되며, LUMO와 HOMO의 준위 사이에 또 다른 준위를 형성합니다. 그리고 이들은 진동 에너지를 수반하므로 분자들 사이를 자유로이 움직이며 전달될 수 있죠. 결국 정공은 전자가 비어 있는 자리에서 포논과 결합한 양의 폴라론에 해당합니다. 이러한 양의 폴라론과 음의 폴라론이 마주쳤을 때 여기자 exciton가 형성되었다고 하죠. 마주친 상태에서 LUMO 근처에 머무는 음의 폴라론, 즉 들

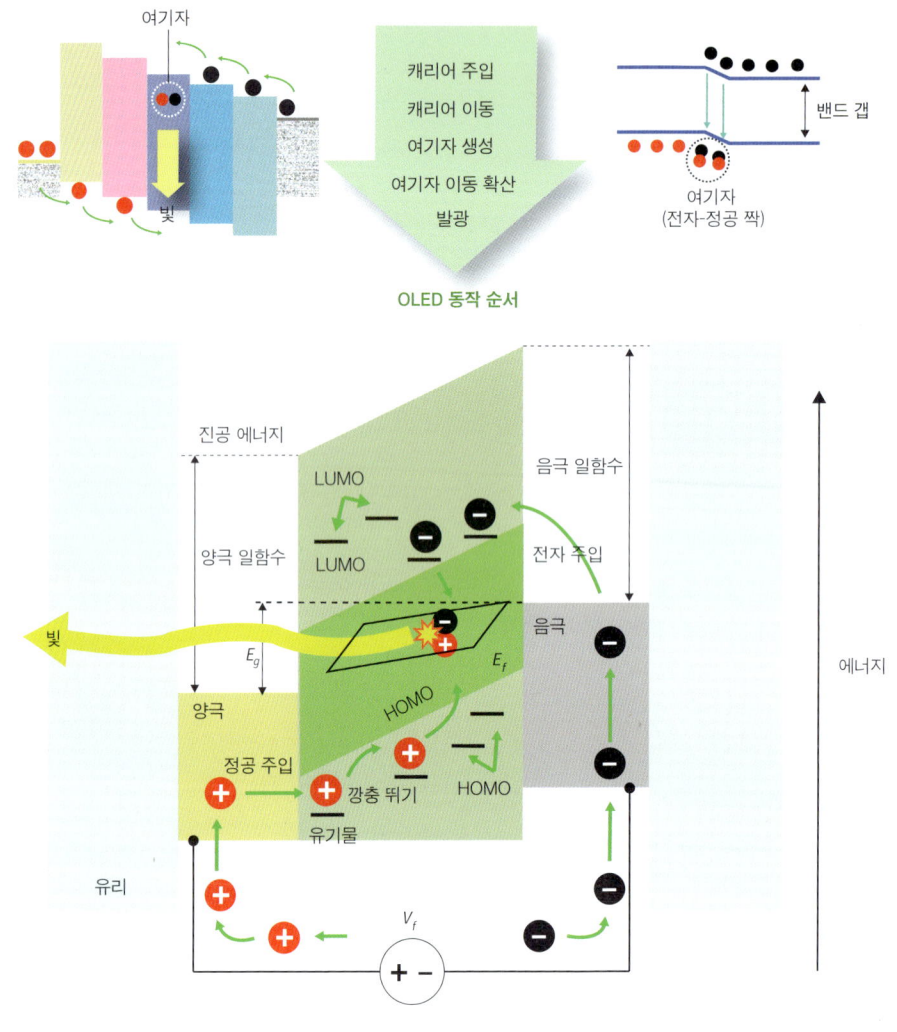

전하 캐리어들의 활동

뜬 전자가 HOMO 근처에 있는 양의 폴라론, 즉 정공의 자리로 내려오면 발광이 이루어집니다.

이러한 물리적 현상들에 대해서는 추후 좀 더 논의하도록 하고, 여기에서는 전자와 정공의 주입과 이동, 결합 그리고 발광 순서에 따른 작동 모드로 설명합니다. 즉, 양극과 음극으로부터 주입된 전자와 정공들은 각각 주입층과 수송층으로 이동하면서 발광층에 이르게 되고, 여기에서 전자와 정공의 결합 과정을 통하여 빛을 발생하죠. 전자와 정공들은 마치 계단을 올라가듯이 차근차근 에너지 장벽을 딛고 올라서 발광층에 도달합니다. 발광층을 지나면 높은 장벽을 만나게 되어 결국 전자와 정공들

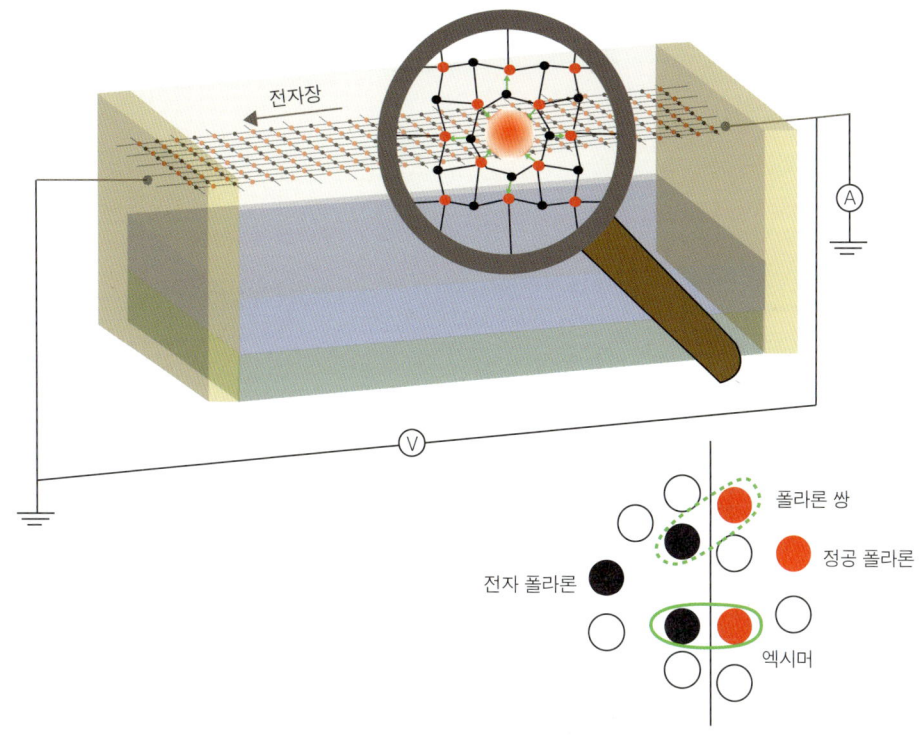

전기 전도

은 발광층 안에 머물며 결합 기회를 계속 얻게 되죠. 물론 유기층들의 에너지 밴드는 이러한 작동 기구에 적합하도록 설계가 됩니다. 전극과 각각의 유기층들과 관련된 설명을 하나씩 이어가 보겠습니다.

더 생각해보기
- 무기물반도체와 유기물반도체에서 원자 결합 구조와 이를 통해 형성되는 에너지 밴드를 묘사해 보자.
- 전기장이 인가되었을 때, 각각의 에너지 밴드 내에서 캐리어(전자 혹은 정공)들은 어떻게 움직여 갈까?
- 전자와 정공은 어디에서 어떻게 만나서 어떤 과정을 통해 빛을 만들어 갈까?

수식으로 원리를 잡다!

※ The disorder formalism (Bassler and Borsenberger)

유기 반도체에서는 전자들이 이산적으로 분포되어 있는 HOMO 준위들을 마치 징검다리를 건너 가듯이 깡충 뛰기 (hopping)를 하며 이동한다. 이때, 이동도 (μ)는 intrinsic mobility (μ_0)와 Boltzmann 상수 (k_B)등을 포함한 항들로 표현되며 온도와 전기장에 따라 변한다.

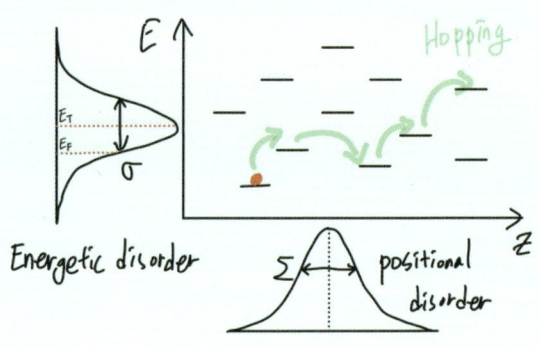

$$\mu(E,T) = \mu_0 \exp\left[-\left(\frac{2\sigma}{3k_BT}\right)^2\right] \exp\left\{\left[-\left(\frac{\sigma}{k_BT}\right)^2 - \Sigma^2\right]E^{\frac{1}{2}}\right\}$$

σ : energetic disorder E : field
Σ : positional disorder k_B : Boltzmann 상수
μ_0 : intrinsic mobility T : 절대온도

KBW.

다층막 구조와 전극

OLED는 유기 발광 다이오드로 두 개의 전극을 가지고 있습니다. 즉, 양극과 음극이죠. 양극에서는 정공, 음극에서는 전자들이 공급됩니다. 그리고 양극과 음극이 교차하는 영역에서 화소가 형성되죠. 물론 양극과 음극 사이에는 각각의 역할을 하는 유기막들이 샌드위치 구조로 적층되어 있습니다. 양극과 음극 밖에서의 구동을 살펴보면, 먼저 주사 전압이 스위칭 TFT의 게이트에 인가되면 신호 전

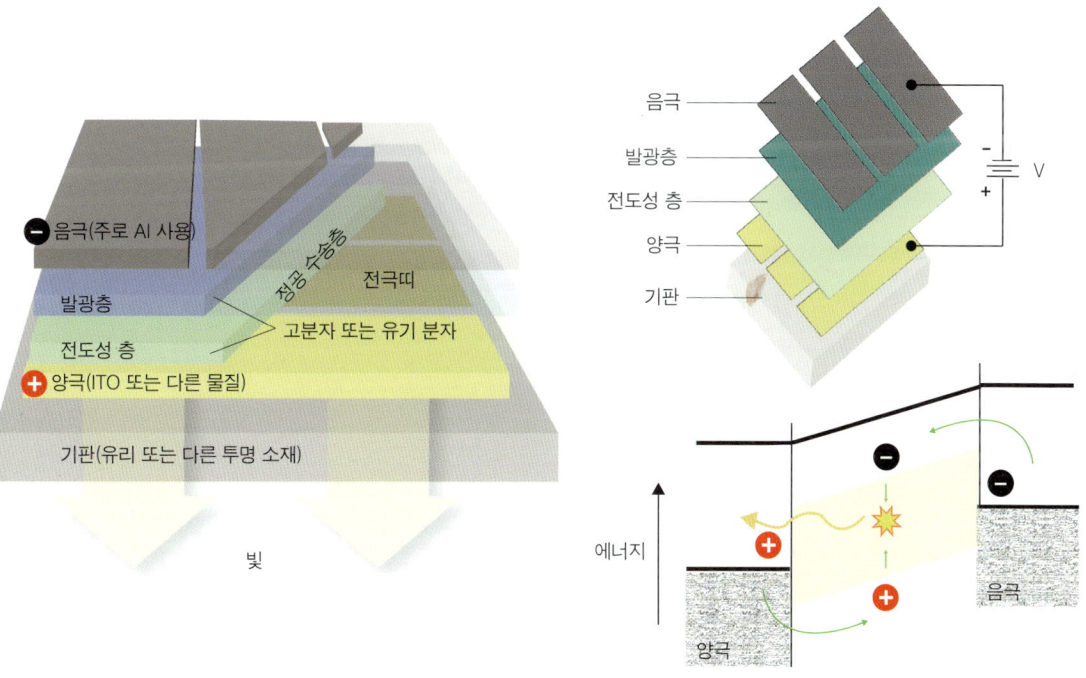

OLED의 전극

유기 발광 다이오드 상식 알아가기

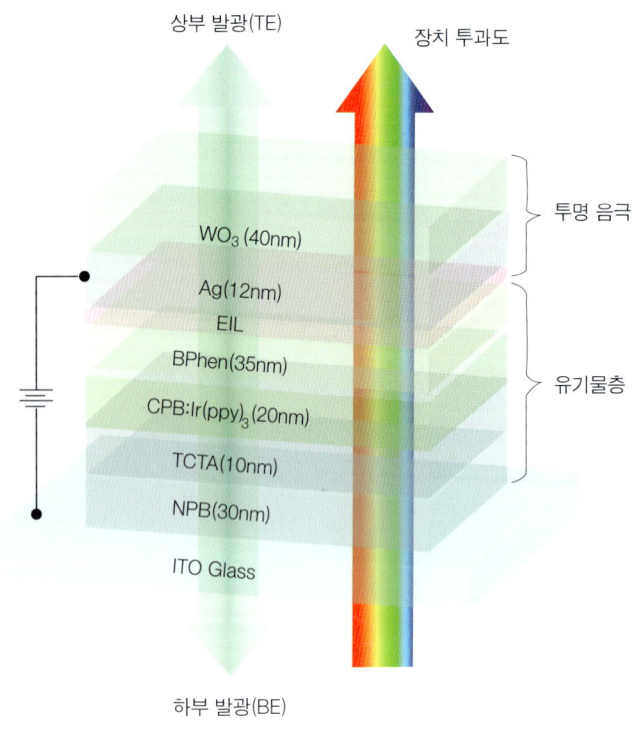

빛이 나오는 방향

압이 게이트를 지나서 전류 조절용 TFT의 게이트에 걸리게 됩니다. 그리고 신호 전압 값에 따라 채널이 넓게 혹은 좁게 형성되면서 OLED의 양극에서 음극으로 흐르는 전류 값을 조절하게 되죠. 이때 양극에서는 정공, 음극에서는 전자들이 OLED 내부로 공급이 됩니다. 물론 게이트 그리고 드레인과 소스에 인가되는 전압의 극성과 OLED 내를 흐르는 전류의 방향은 TFT가 n형인지 p형인지 OLED가 정상 구조인지 혹은 역inverted 구조인지 여부에 따라 바뀌기도 하지만, 기본적인 동작 원리는 대동소이합니다.

전극은 캐리어인 정공과 전자들을 OLED 내부로 공급하여 주는 역할을 하므로 기본적으로 캐리어들이 내부로 들어가기 위하여 넘어야만 하는 장벽, 즉 전극에서 이어지는 유기막과의 계면에서의 장벽의 높이가 낮아야 하죠. 이를 위해 양극은 일함수work-function가 높고, 음극은 가급적 낮은 소재가 필요합니다. 다만 장벽은 낮게 만들어지되 그렇다고 마이너스가 되면 안 되죠. 전원을 인가하지 않아도 캐리어들이 내부로 들어가서 빛을 내면 안 되니까요. 여기에 더하여서 일반적으로 기판 위에 형성되는 양극 쪽으로 빛이 통과하므로 양극 물질은 투명하여야 합니다. 물론 위쪽의 음극을 통하여 빛이 지

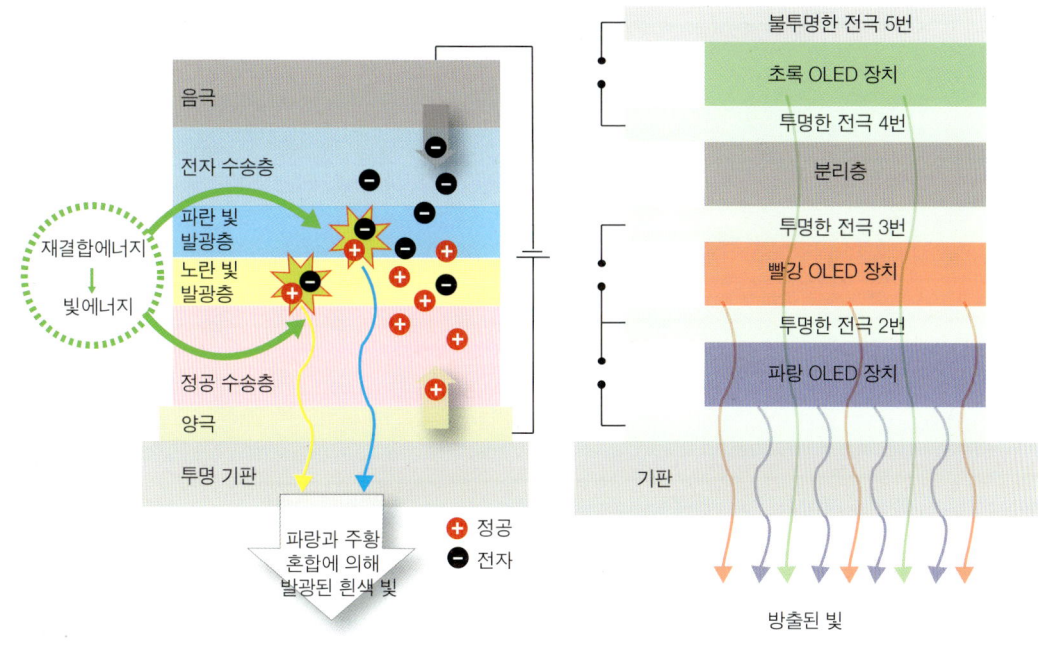

전극의 배치

나가는 상부 발광형 OLED, 양극과 음극 양쪽으로 빛이 통과하는 투명 OLED도 현재 개발이 이루어지고 일부 제품이 나오고 있기는 합니다. 이와 함께 음극을 기판 위에 형성하고, 양극이 마지막 공정에서 위에 형성되는 역 구조도 고려하여야 합니다. 요약하면, OLED의 전극은 각각의 캐리어, 즉 양극의 정공, 음극의 전자에 대해 마이너스 값이 아닌 범위에서 가능한 장벽 높이가 낮아야 하며, 빛이 나오는 쪽은 투명하여야 한다고 볼 수 있습니다.

일반적으로 빛이 통과하여야만 하는 양극의 경우, ITO 외에는 특별한 대안이 없습니다. 따라서 ITO의 일함수를 높이기 위해, 즉 정공에 대한 장벽을 낮추기 위해 산소나 염소 플라즈마 처리를 하기도 합니다. ITO의 일함수는 4.6~5.0eV 정도인데 산소 플라즈마 처리를 하여 5.2~5.4eV 정도로 높일 수도 있죠. 이와 함께 광 투과도를 높이기 위해 ITO의 두께는 100~150nm 정도로 조절하며, 가시광 투과도는 90% 이상, 면저항은 10Ω/sq. 수준이 필요합니다. ITO 이외의 투명 도전막으로는 인듐 아연 산화물Indium Zinc Oxide, IZO이나 SnO_2 등도 일부 사용되고 있습니다. 반면에 투명 요건으로부터 자유로운 음극의 경우에는 일함수가 낮은 물질을 사용하면 전자 주입층과 같은 유기층과의 전위 장벽을 줄일 수 있습니다. 따라서 일함수가 낮은 Al, Ca, Li, Mg 등을 사용하며, 이들 금속의 일함수는 대략

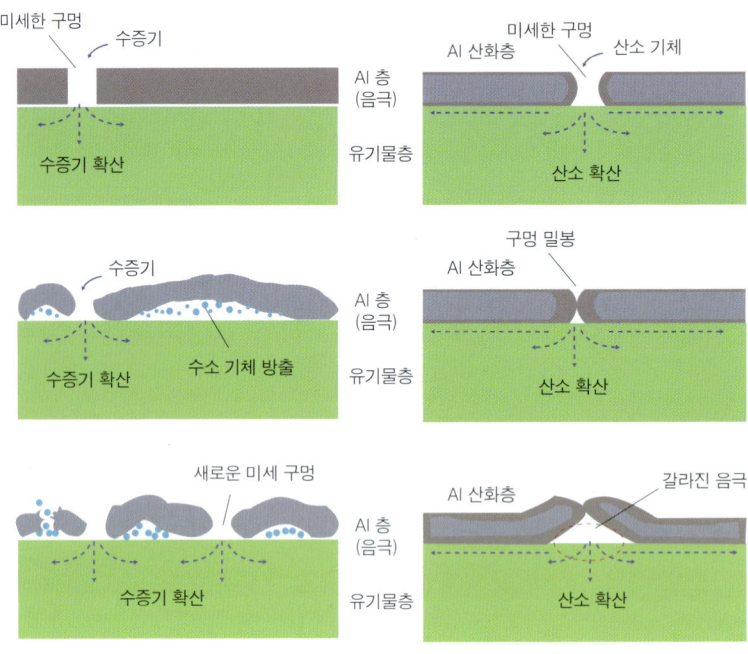

전극의 불완전성

2.4~4.3eV 정도입니다. 이들은 대부분 반응성이 높은 금속이므로 안정성 확보를 위해 Ag 등을 함께 사용하기도 합니다. 또한 Ag을 사용하면 가시광을 잘 반사하여 광 효율을 높일 수도 있죠.

이에 더하여, 투명 전극의 전도도가 충분히 높지 못할 경우 일부 투명하지 않으나 전도도가 높은 보조 전극을 설치하기도 합니다. 또한 빨강, 초록, 파랑의 3원색을 발생하고 흰색을 만드는 OLED에서는 내부에 설치되는 전극의 수가 증가할 수도 있습니다. 그리고 형성되는 전극층의 표면 평탄화는 매우 중요하죠. 전극 표면이 평탄하지 않을 경우 양극과 음극의 두 전극 간의 거리가 상대적으로 가까운 영역에 전기장이 집중되고, 과도한 전류가 흐르게 되어 열화가 발생하기도 합니다. 물론 전극에 미세한 구멍 pin hole이나 금 crack 또는 전극과 바로 아래의 유기물 계면에 접착력 부족으로 인한 틈이 발생하면, 산소나 습기가 침투하는 원인이 됩니다. 이로 인하여 빛이 나오지 못하는 암점 dark spot을 만들기도 합니다.

 더 생각해보기

- OLED에서 전극(양극과 음극)의 역할은 무엇일까?
- 전극들은 어떤 특징들을 가져야 하며, 어떤 소재들이 사용되고 있을까? 양극과 음극으로 구분하여 생각해 보자.

수식으로 원리를 잡다!

금속의 일함수 (Work function)

일함수: 금속 내에 있는 전자(광전자) 한개를 금속 밖으로 떼어내는데 필요한 최소에너지!

→ 금속마다 진동수가 다르기 때문에, 금속의 종류에 따라 일함수가 달라진다.

> 광자의 에너지 = 일함수 + 운동에너지
> $h\nu = \phi + \frac{1}{2}mv^2 = h\nu_0 + \frac{1}{2}mv^2$
>
> ν: 진동수
> h: 플랑크 상수

광자의 에너지가 일함수보다 클 때, 광전자는 즉시 방출된다.
이때, 전자의 최대운동에너지 $E_k = \frac{1}{2}mv^2 = hf - W$

→ 광자의 에너지와 일함수가 같다면
　　　광전자가 방출되는 한계로서 한계진동수 f_0 이다.

예제) 일함수를 이용해서 한계진동수 구하기.

광전자 최대운동에너지 $E_k = \frac{1}{2}mv^2 = hf - W = h(f - f_0)$

Al의 일함수: 4.1eV → $hf_0 = 4.1eV$ ⇒ f_0: 9.894×10^{14} Hz
ITO의 일함수: 4.7eV → $hf_0 = 4.7eV$ ⇒ f_0: 1.134×10^{15} Hz

OLED의 주입층

OLED에서 우수한 성능을 얻으려면 낮은 전압에서 많은 여기자를 만들어야 합니다. 따라서 다층 유기막들의 궁극적인 목표는 각각의 계면에서 전위 장벽을 낮추어 많은 수의 전하가 주입되고, 그러면서도 전하들의 수와 속도에서 균형이 맞도록 발광층까지 전달이 되는 것이죠. 이러한 유기층들과 일반적인 무기반도체와의 큰 차이점은 전자와 정공의 이동도가 매우 낮다는 점입니다. 무기반도체의 경우, 이동도가 결정질에 따라 1에서 1,000cm^2/Vs의 범위인 반면에 유기반도체들은 이의 10만 분의 1 수준인 10^{-7}에서 10^{-3}cm^2/Vs 수준에 불과합니다. 따라서 낮은 인가 전압에서 원하는 전류를 얻기 위해서는 유기층들의 두께는 가능한 얇아야 하죠. 전극으로부터 주입된 캐리어들이 가장 먼저 만나는 유기층은 전자 또는 정공 주입층Electron or Hole Injection Layer, EIL or HIL으로, 각각 음극 혹은 양극으로부터 전

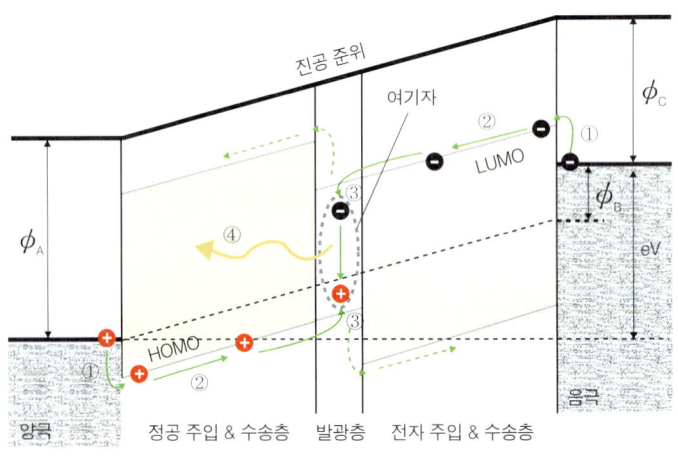

유기물층의 역할

유기물반도체에서의 수송

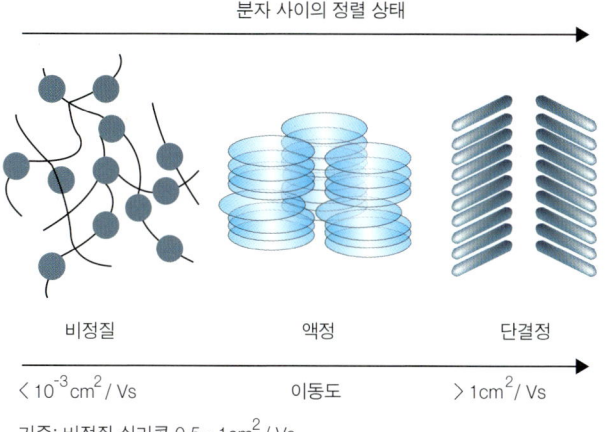

비정질 재료들의 이동도

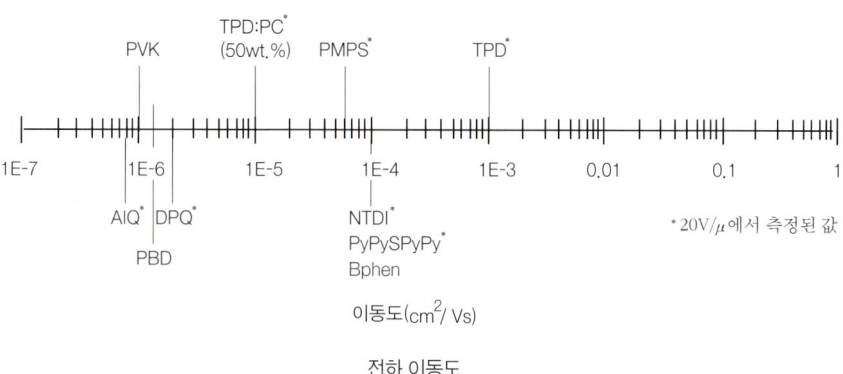

전하 이동도

하들의 주입이 용이하도록 도와주는 역할을 합니다. 물론 전극들은 일함수가 낮거나 높은 물질을 선택하여 각각의 전자나 정공들에 대해 주입층과의 계면에 형성되는 전위 장벽을 가능한 낮추게 되죠. 에너지 장벽을 낮추는 데에는 주입층의 역할도 중요합니다. 예를 들어, 불화 리튬Lithium Fluoride, LiF과 같은 금속 할로겐 화합물metal halide들은 유기층과 계면 전기 2중층interface electric double layer을 형성하여 에너지준위의 이동을 발생시키면서 전위 장벽을 낮추는 것으로 알려져 있죠.

전극으로부터 유기층으로 전자(혹은 정공)들이 주입되는 방식으로는 세 가지를 생각해 볼 수 있습니다. 먼저, 전자가 장벽을 넘는 방식이죠. 이는 매우 큰 에너지가 필요하며, 장벽의 높이가 3.0eV 이상이 되면 이 방식만으로는 설명하기가 어렵습니다. 두 번째로 비정질 유기막 내에서의 분자 배열의

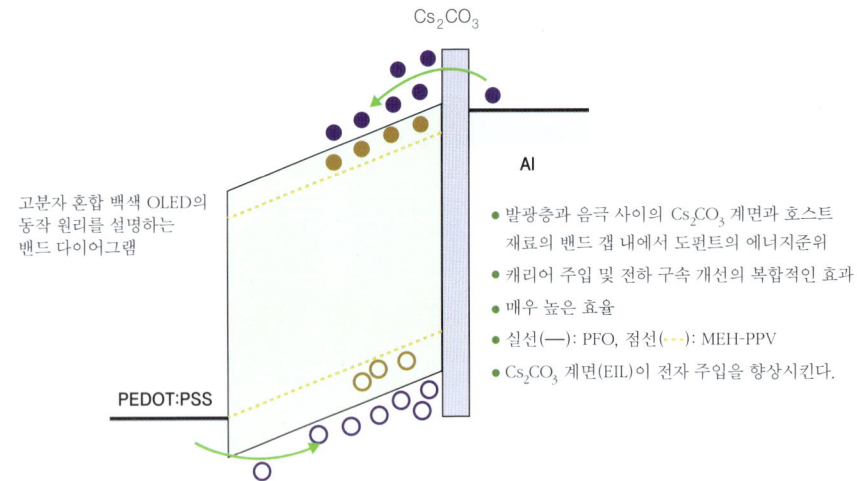

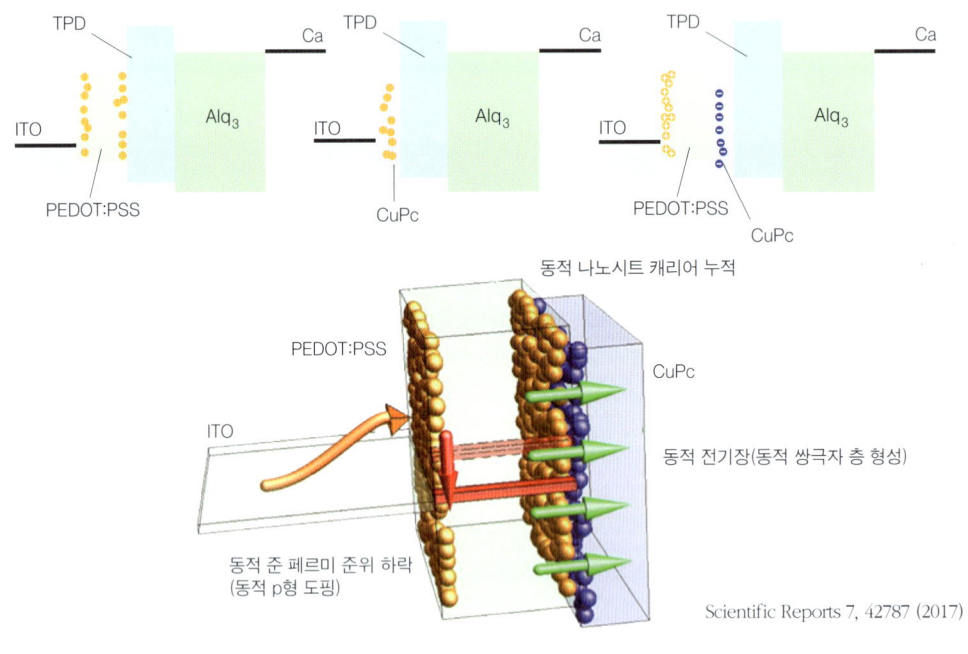

Scientific Reports 7, 42787 (2017)

캐리어 주입

차이, 구조적인 결함 등으로 인해 에너지준위가 만들어지고, 이들을 계단처럼 딛고 올라가면서 넘어가는 방법이죠. 세 번째로는 전극과 유기층 간에 강한 전기장이 인가되어 전위 장벽의 두께를 얇게 하면서 전자들이 얇아진 장벽을 뚫고 tunneling 통과하는 것이죠. 이 경우에는 열이 별도의 역할을 하지 않게 됩니다. 전극으로부터의 전자 혹은 정공 주입은 이러한 세 가지 방식이 함께 작용하면서 발생합니다. 이렇게 주입된 캐리어들의 전하량이 유기물 내에 원래 존재하던 전하량보다 커지게 되면 국소적으로 분극이 발생하고, 이들은 공간 전하로 작용하여 전류의 흐름을 방해하기도 하죠. 즉, 공간 전하 제한 전류Space Charge Limited Current, SCLC 문제가 야기됩니다. 따라서 캐리어 주입에 있어서는 전극과 유기층 간의 계면이 특히 중요하며, 이를 감안하여 전자 혹은 정공 주입층이 설계되어야 합니다.

일반적으로 정공 주입층은 전위 장벽을 낮추기 위해 적용되며, HOMO 준위는 양극의 일함수와 정공 수송층의 HOMO 준위 사이에 위치합니다. 또한 발광층으로부터 나오는 빛의 흡수를 줄이기 위해 밴드 갭이 커서 가시광에 대해 투명한 재료를 선택하죠. 초기에는 5.0eV 정도의 HOMO 준위와 열적 안정성을 지닌 CuPccopper(II) phthalocyanine와 같은 프탈로시아닌계 화합물이 적용되었으나, 가시광 영역에서의 투과도를 높이기 위해 HOMO 준위가 5.1eV 근처인 m-MTDATATris[phenyl(m-tolyl)amino]triphenylamine 혹은 LUMO 준위가 5.5eV 정도의 HAT-CNHexaazatriphenylenehexacarbonitrile 등이 선택되었습니다. 특히 HAT-CN은 계면 쌍극자를 강하게 형성함으로써 에너지준위 제어를 통해 동작 전압을 낮추고 전류 효율을 높이는 효과도 있는 것으로 보고되었습니다. 이와 함께 용액 공정이 가능한 고분자 정공 주입층으로는 PEDOT:PSSpoly(3,4-ethylenedioxythiophene) polystyrene sulfonate가 대표적으로 사용되고 있습니다.

전자 주입층의 경우, 음극으로부터 전자 수송층으로 전자들을 원활히 주입하는 역할을 합니다. 일반적으로는 알칼리금속을 생각할 수 있는데, 이는 산소나 수분과의 반응성이 높아 실제 사용은 어렵습니다. 현재 대표적으로는 LiF, CS_2CO_3 등의 화합물들이 사용되며, 비교적 큰 밴드 갭을 가지는 재료들입니다. 이들의 두께를 0.5~2나노미터 수준으로 얇게 하면 계면의 에너지준위들을 일부 재정렬하고 터널링이 가능해져서 전자 주입 특성이 향상되는 효과를 얻습니다. 이러한 주입층들의 전위 장벽은 당연히 전극과 수송층 사이에 위치하여야 하죠. 이에 더하여, 막의 증착과 형성 과정에서 결정화가 발생하지 않아야 하며, 전극과의 접착력이 높고 평탄도 또한 우수하여야 합니다. 물론, 막의 열 안정성과 장시간 신뢰성은 모든 유기막에서의 기본 요건입니다.

더 생각해보기

- OLED에서 주입층(전자와 정공)의 역할은 무엇일까?
- 주입층들은 어떤 특징들을 가져야 하며, 어떤 소재들이 사용되고 있을까? 전자와 정공 주입층에 대해 각각 생각해 보자.

OLED의 수송층

수송층은 전극에서 주입층을 통하여 전달된 전하들, 즉 전자나 정공들을 보다 원활하게 발광층으로 이동하게 합니다. 또한 상대 전하들의 차단층(저지층) 역할까지 하기도 합니다. 수송층의 기본 요건은 전하들의 높은 이동도에 있으며, 전위 장벽은 주입층보다는 높고 발광층보다는 낮게 형성되어야

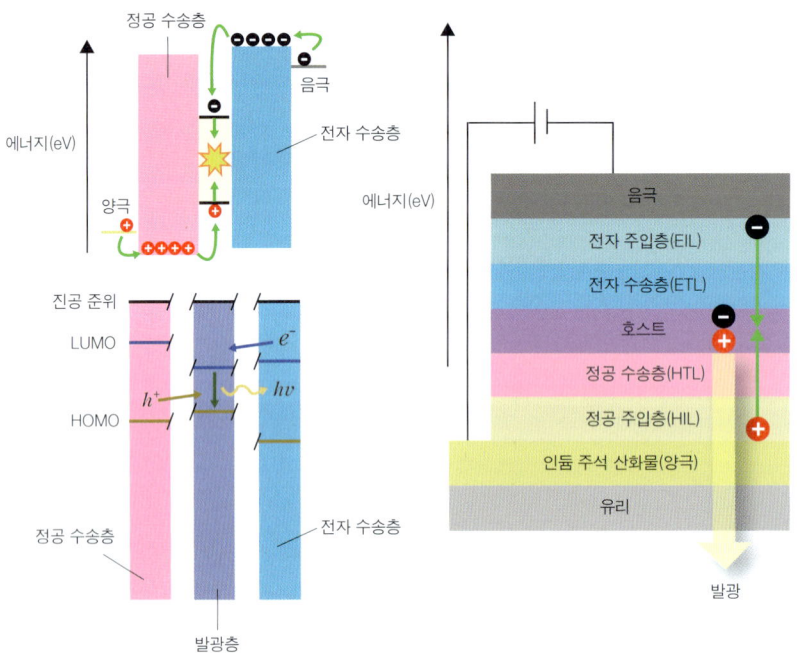

전하 수송층

Alq₃
[T1527, T2238]
(호스트 재료)

TPD
[D2448, D3236]
(정공 수송 물질)

PBD
[B1767, B2696]
(전자 수송 물질)

CuPc
[P0655, P1628]
(정공 주입 물질)

전하 수송 물질

하죠. 반면에 상대 전하의 차단층으로도 동작하려면 상대 전하들에 대해서는 발광층보다도 높은 전위 장벽을 형성하여 발광층 안에 가두어야 합니다. 여기서는 차단층은 별도로 다루기로 하고 수송 역할에 대해서만 설명을 이어갑니다. 정공 수송층은 주입층으로부터 온 정공들을 발광층으로 전달하여야 하므로 수송층의 HOMO 준위는 주입층과 발광층의 HOMO 준위들 중간에 위치하여야 합니다. 또한 정공의 이동도가 높아야 하며, 안정성 유지를 위해 유리 전이온도가 높아야 합니다. 그리고 발광층과 직접 접촉하므로 발광층과의 계면에서 분자들 간에 상호작용이나 반응 등이 일어나지 않아야 하죠. 주로 트리페닐아민계의 TPD$^{triphenyl\text{-}diamine\ derivative}$ 등이 사용되며, 특히 유리 전이온도를 높이기 위해 트리페닐아민을 기본으로 분자를 별 모양으로 구성하는 등의 재료들이 이용됩니다. 이에 더하여 발광층에서 생성된 빛의 흡수를 막기 위하여 발광층보다 큰 밴드 갭을 가져야만 하죠.

　전자 수송층의 경우, 전자들을 전자 주입층으로부터 발광층으로 전달하며, 따라서 LUMO 준위는 주입층과 발광층 중간쯤에 위치하여야 합니다. 이 또한 전자 이동도가 높고 유리 전이온도도 높아야 합니다. 발광층으로부터의 빛을 흡수하지 않기 위하여 밴드 갭은 발광층보다 커야 하죠. 전자들을 끌어당기는 작용기를 함유한 방향족 헤테로 고리 화합물, 예를 들어 피리딘, 트라이아진 등을 사용합니다. 수송층들은 공통적으로 박막 형성 과정에서 결정성이 나타나지 않도록 무정형의 특징을 유지하여야 하며, 높은 안정성을 위한 높은 유리 전이온도, 전하 수송 시간과 함께 광 투과도를 고려한 얇은 두께 그리고 발광층과의 우수한 계면 특성 등이 필수 요건이 됩니다.

더 생각해보기

- OLED에서 수송층(전자와 정공)의 역할은 무엇일까?
- 수송층들은 어떤 특징들을 가져야 하며, 어떤 소재들이 사용되고 있을까? 전자와 정공 수송층에 대해 각각 생각해 보자.

OLED의 저지층

발광층에 도달한 전자와 정공이 발광층을 지나서 각각 양극과 음극으로 가는 경우, 발광층 내에서의 효율 저하는 물론 소자의 수명에도 영향을 미치게 됩니다. 따라서 발광층 양쪽에 전하 저지층 blocking layer을 설치하는데, 양극 쪽에는 전자 저지층 Electron Blocking Layer, EBL, 음극 쪽에는 정공 저지층 Hole Blocking Layer, HBL이 형성되며, 이들은 각각 전자와 정공이 양극과 음극 쪽으로 더 진행하는 것을 저지합니다. 전위 장벽을 높이기 위해 전자 저지층은 발광층에 비해 LUMO 준위가 높고, 정공 저지층은 HOMO 준위가 낮아야 하죠. 물론 수송층이나 주입층의 LUMO와 HOMO 준위를 조절하여 저지층의

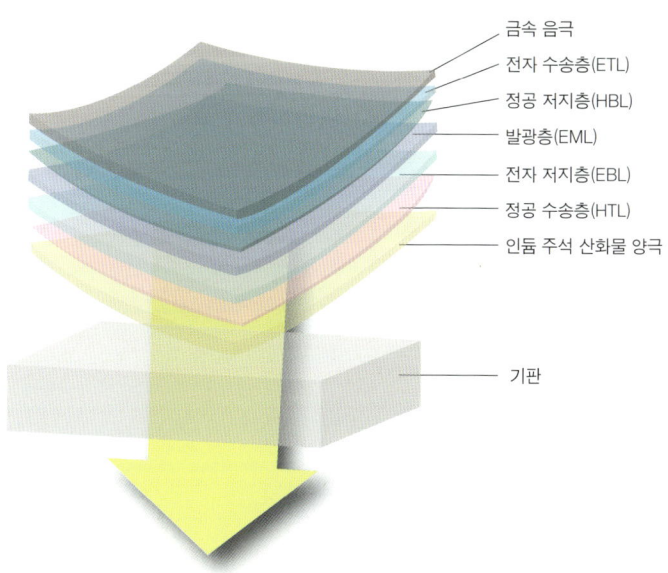

OLED 구조와 전하 저지층

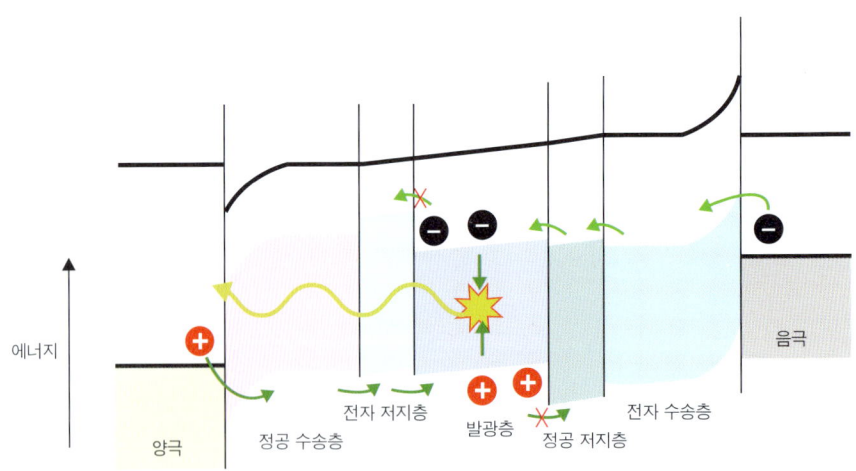

전하 저지층의 역할

역할을 대신할 수도 있습니다. 특히 빛이 통과하여야 하는 정공 수송층과 주입층의 경우, 가시광 흡수를 피하기 위해 밴드 갭이 커져야 하며, 이를 위해 HOMO 준위를 더 아래로, LUMO 준위는 더 위로 보내면서 자연스레 정공 저지층의 역할을 수행하기도 합니다.

 더 생각해보기

- OLED에서 저지층 혹은 차단층(전자와 정공)의 역할은 무엇일까?
- 저지층들은 어떤 특징들을 가져야 하며, 어떤 소재들이 사용되고 있을까? 전자와 정공 저지층에 대해 각각 생각해 보자.

OLED의 발광층 그리고 발광에 관하여

빛은 두 가지 방법으로 만들어집니다. 열 방사thermal radiation와 발광luminescence이죠. 열 방사는 물체를 높은 온도로 가열하면 빛이 나오는 현상으로, 자연에서는 태양이 대표적입니다. 빛을 발하는 별에서도 별의 색깔, 즉 별빛의 스펙트럼을 통해서 별의 온도를 추정할 수도 있죠. 우리 생활 속에서는 백열전구를 예로 들 수 있습니다. 필라멘트가 가열되면서 빛이 만들어지죠.

한편, 발광이라 함은 고온이 아닌 상태에서 빛이 만들어지는 과정, 즉 외부로부터 공급되는 에너지가 빛으로 변환되는 현상입니다. 전자가 에너지를 받아 바닥상태에서 들뜬상태로 여기되었다가 다시 안정화되면서 받은 에너지를 주로 빛으로 방출하는 것이죠. 이때 인가되는 에너지들은 실로 다양합니다. 예를 들어, 빛이나 전기장(전압 혹은 전류), 가속된 전자와 전자선 그리고 화학 혹

유기 발광 다이오드 상식 알아가기

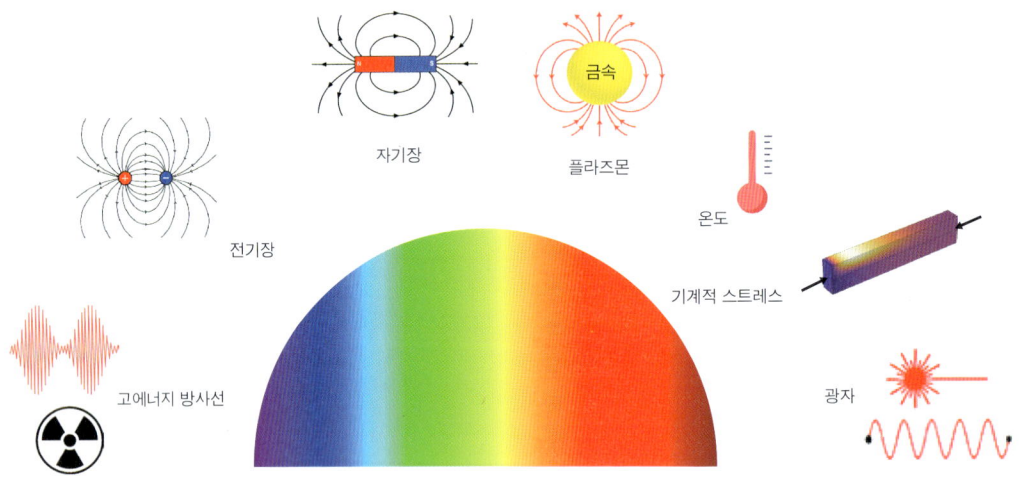

발광 조정

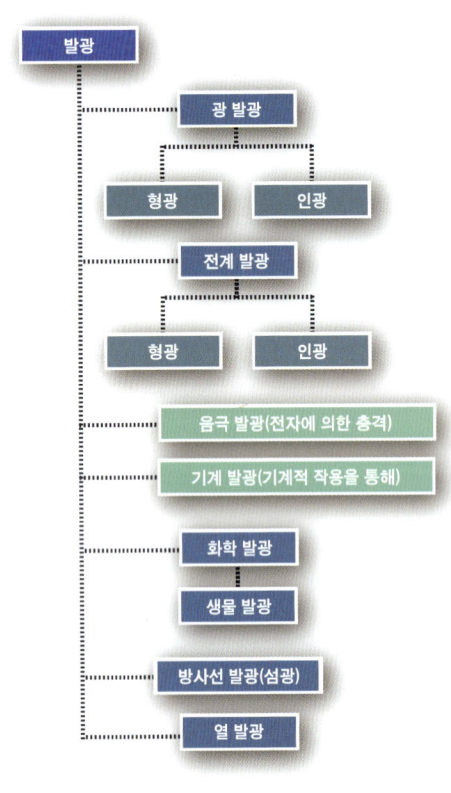

발광

은 생화학 반응, 방사선 등을 포함한 주로 짧은 파장 대역의 전자기파, 열 등에 의하여 제공됩니다. 에너지원에 따라 광 발광 Photo-Luminescence, PL, 기계 발광 mechano-luminescence, 방사선 발광 radio-luminescence, 열 발광 thermo-luminescence, 음극 발광 Cathodo-Luminescence, CL, 전계 발광 Electro-Luminescence, EL, 화학 발광 chemo-luminescence 등으로 명명됩니다.

이러한 발광 기구들 중에서 OLED는 전기장 에너지로 동작하는데, 전류가 흐르면서 전자와 정공이 결합함으로써 생성되는 여기자가 안정화 상태로 돌아가면서 빛을 만들죠. 물론 소자 내를 흐르는 전자와 정공의 수가 많고 결합 확률이 높을수록 더 밝은 빛을 내게 됩니다. 따라서 두 개의 전극인 음극과 양극으로부터 전자와 정공을 소자 내로 넣는 주입층, 주입된 전자와 정공들을 이동시키는 전달층, 양쪽 전극들로부터 각각 전달된 전자와 정공들이 만나서 결합하여 여기자 exciton를 형성하고 빛을 만들어내는

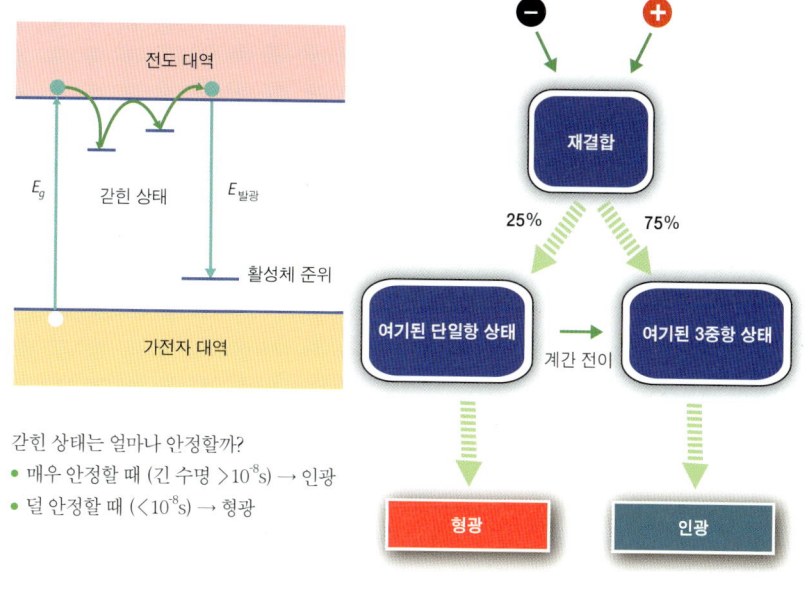

형광과 인광

발광층 등이 각각의 역할을 잘 수행하여야 하죠. 여기서 여기자란 '여기상태excited state'에 있는 준입자이며, 여기상태란 '전자가 에너지를 흡수하여 안정되지 않고 들뜬상태'로 풀이됩니다. 이러한 여기상태는 일시적으로 불안정한 상태로, 전자는 안정된 상태를 찾아가려는 특성이 있어 '기저상태ground state'로 다시 돌아가게 되죠. 전자가 여기상태에서 기저상태로 되돌아가면서 에너지준위가 다시 원래 수준으로 낮아지게 되는데, 이때 줄어든 에너지의 일정 부분이 빛의 형태로 방출됩니다. 같은 전계 발광이라도 전자들의 거동, 특히 들뜬상태에서 바닥상태로 어떻게 회귀하는가에 따라 다양한 발광 기구들이 발견되거나 디자인되고 있습니다. 대표적인 발광 기구들로는 먼저 형광fluorescence, 인광phosphorescence을 들 수 있습니다. 이 두 가지 대표적인 발광 기구에 관해서는 바로 뒤에서 살펴보기로 하겠습니다.

다음은 OLED에서 실제로 빛을 만들어내는 발광층의 소재에 관한 이야기입니다. 먼저 발광 소재를 분류하여 보죠. 저분자와 고분자로 분류할 경우, 저분자 그룹에서는 형광 소재와 인광 소재 그리고 단일 성분single component과 호스트-게스트형host-guest type으로 구분할 수 있습니다. 인광과 형광 재료는 뒤이어 설명할 것이므로, 호스트-게스트형에 대해 먼저 말해 보죠. 호스트-게스트형은 호스트에 해당하는 유기층에 게스트인 도펀트를 넣은 소재로, 각각 발광층의 역할을 전하 이동과 발광으로 나누어서 담당합니다. 호스트 재료는 전기적인 특성이 우선시되고, 게스트에서는 발광 효율이 강조되면서 최적의 발광 특성을 얻게 되죠. 일반적으로 호스트 재료는 발광 성능보다는 박막 구조를 만들기 위한 용

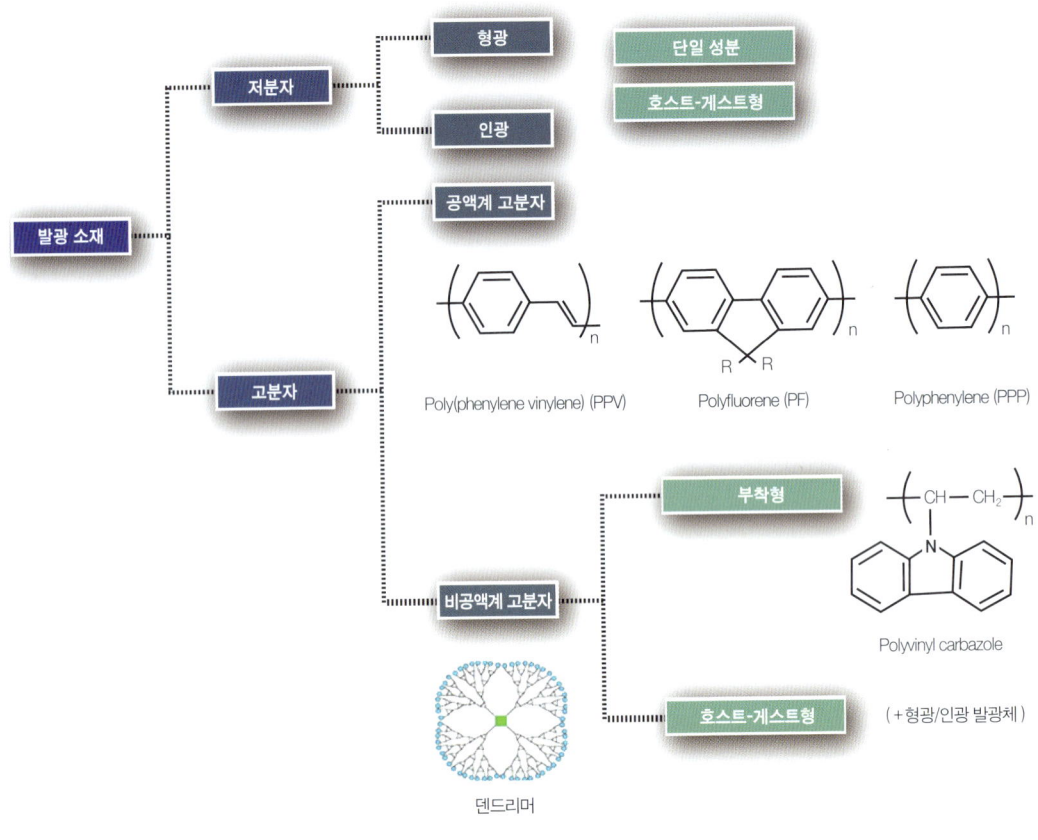

발광 소재

이성, 열 안정화를 위한 내열성에 중점을 두죠. 그리고 게스트, 즉 도펀트 재료는 응집력이 작아서 넓고 균일하게 분포되는 특성 또한 중요합니다. 이와 함께 호스트로부터 전달받은 에너지로 게스트가 여기자를 형성하고 발광을 이루어내야 하므로 에너지의 흡수, 발광 특성 등이 최적화되어야 효율을 극대화할 수 있습니다. 고분자 발광 소재의 경우, 뒤에 설명할 고분자 OLED 관련 이야기로 일단 미루어 두겠습니다.

더 생각해보기

- 빛은 어떻게 만들어질까? 원리별로 분류하고, 각각에 대해 빛이 만들어지는 과정을 생각해 보자.
- OLED에서 발광층의 역할은 무엇일까?
- 발광층은 어떤 특징들을 가져야 하며, 어떤 소재들이 사용되고 있을까?

OLED의 형광과 인광

OLED 발광층에서 여기상태는 일시적으로 불안정한 상태로, 전자는 안정된 상태를 찾아가려는 특성이 있어 '기저상태 ground state'로 다시 돌아가게 되죠. 전자가 여기상태에서 기저상태로 되돌아가면서 에너지준위가 다시 원래 수준으로 낮아지게 되는데, 이때 줄어든 에너지의 일정 부분이 빛의 형태로 방출됩니다.

여기상태에서 전자와 정공 또는 음과 양의 폴라론 결합으로 형성된 여기자는 파울리 배타 원리에 따라 네 가지 상태로 나누어집니다. 즉, 스핀 방향이 완전히 반대 방향, 대칭이며 자기 스핀 양자수의 합이 0인 한 가지 상태와 같은 방향의 스핀을 가지며 총 양자수가 1인 세 가지 상태가 해당되죠. 각각은 상태 함수가 하나이어서 단일항 singlet, 세 개이어서 3중항 triplet이라고 명명되었습니다. 조금 더 들

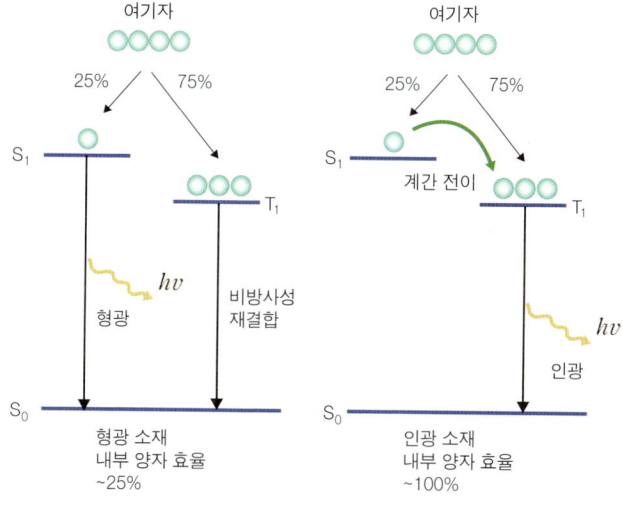

형광과 인광

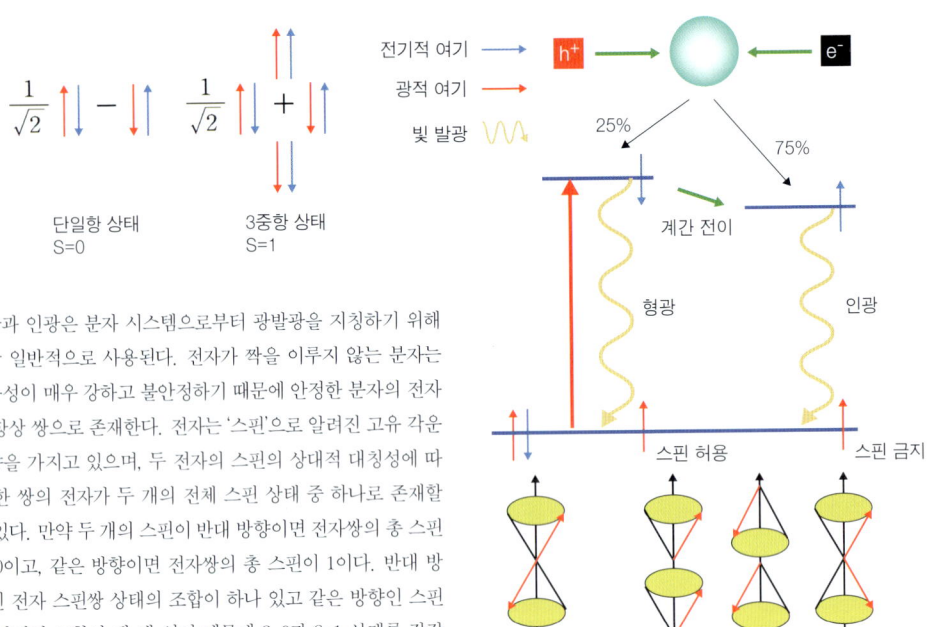

형광과 인광은 분자 시스템으로부터 광발광을 지칭하기 위해 가장 일반적으로 사용된다. 전자가 짝을 이루지 않는 분자는 반응성이 매우 강하고 불안정하기 때문에 안정한 분자의 전자는 항상 쌍으로 존재한다. 전자는 '스핀'으로 알려진 고유 각운동량을 가지고 있으며, 두 전자의 스핀의 상대적 대칭성에 따라 한 쌍의 전자가 두 개의 전체 스핀 상태 중 하나로 존재할 수 있다. 만약 두 개의 스핀이 반대 방향이면 전자쌍의 총 스핀이 0이고, 같은 방향이면 전자쌍의 총 스핀이 1이다. 반대 방향인 전자 스핀쌍 상태의 조합이 하나 있고 같은 방향인 스핀쌍 상태의 조합이 세 개 있기 때문에 S=0과 S=1 상태를 각각 단일항과 3중항이라고 한다.

단일항과 3중항

어가 보죠. 여기상태는 HOMO와 LUMO에 존재하는 캐리어들의 스핀, 즉 전자 스핀 양자수 S에 따라 두 가지 방식으로 존재합니다. 즉, 스핀 다중도$^{\text{spin-multiplicity}}$ 값이 2S+1이 $2\left(+\frac{1}{2}-\frac{1}{2}\right)+1=1$이면 단일항, $2\left(+\frac{1}{2}+\frac{1}{2}\right)+1=3$이면 3중항으로 명명되었으며, 자연 상태에서는 단일항과 3중항의 생성비가 1:3으로 주어집니다. 즉, HOMO와 LUMO에 각각 한 개씩 존재하는 캐리어들의 스핀 방향이 총 네 종류로 구분되는데, 2개 전자 스핀 벡터의 합이 0이 되도록 반대 스핀을 갖는 경우는 한 종류이며 단일항에 해당되죠. 따라서 여기자는 단일항 한 개에 3중항 세 개로 만들어지므로 그 생성 비율은 1:3이 됩니다.

여기에서 단일항 여기자의 경우, 결합이 자연스러워 재결합 속도가 매우 빠른 나노초 수준이며, 이는 형광^{fluorescence}에 해당합니다. 반면에 3중항 여기자들은 부자연스러운 결합으로 재결합 속도가 매우 느린 인광^{phosphorescence}에 해당되는데, 열이나 혹은 분자 내부에서 에너지 손실로 나타나죠. 따라서 일반적인 OLED에서는 단일항만이 발광에 기여하는 형광만 일어나게 되며, 내부 양자 효율은 네 개 여기자 중에서 하나, 즉 25%가 최대가 됩니다. 이 경우에는 외부로 방출되는 빛의 효율이 20~30%로 제한됨을 고려할 때, 최대 외부 양자 효율은 5~7.5%에 불과하게 됩니다.

이제 전계 발광의 두 기구인 형광과 인광으로 조금 더 들어가 보겠습니다. HOMO 준위로부터 여

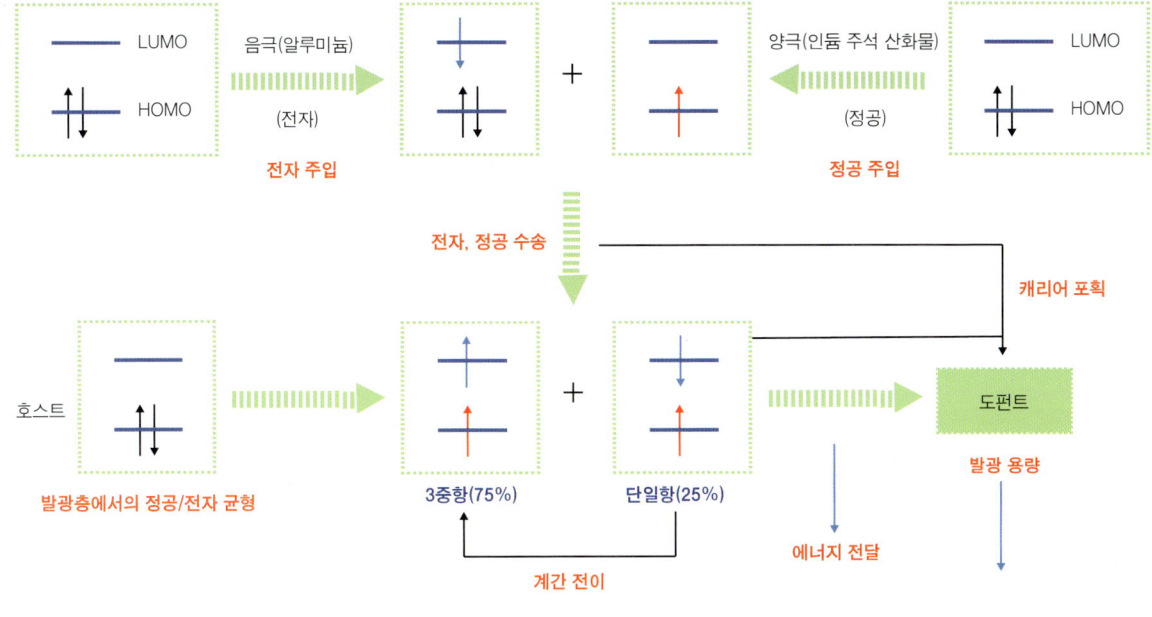

형광에서 인광으로

기된 전자는 높은 에너지준위로 올라갔다가 에너지를 잃으면서 LUMO 준위로 내려오게 되고, 이러한 여기상태에서 다시 HOMO 준위로 내려오며 빛을 만들죠. 형광은 높은 단일항 준위들인 S_1, S_2 등으로부터 진동 이완$^{vibrational\ relaxation}$ 과정을 거치면서, 역시 단일항인 S_1의 가장 바닥 위치에 이르러서 안정한 준위인 S_0으로 떨어지며 빛을 만들어냅니다. 형광 물질은 다양한 개발 노력을 통하여 가격도 낮아지고, RGB 스펙트럼의 순도도 충분히 개선되었으나 단일항을 통한 발광만 가능하므로 내부 양자 효율이 최대 25%라는 한계가 있습니다. 따라서 나머지 75%에 해당하는 3중항을 발광에 활용할 수 있도록 인광 물질의 개발이 필요하였죠. 즉, 형광만으로는 효율 최대치인 25%의 한계가 있으므로, 나머지 75%도 활용하려는 연구들이 진행되었습니다. 마침내 1998년 미국의 프린스턴대, 포레스트$^{S.R.Forest}$ 교수 그룹에서 백금^{platinum}이 첨가된 도펀트를 적용하면서 인광이 본격적으로 OLED의 광효율 향상에 기여하게 됩니다. 즉, 백금과 같은 중금속에 의해 스핀-궤도 상호작용$^{spin-orbit\ coupling}$이 강해지고, 이로 인하여 3중항 여기자를 보다 빠른 속도인 마이크로초 수준으로 재결합이 이루어지도록 함으로써 발광에 기여할 수 있도록 하였습니다. 이에 더하여 단일항 여기자가 계간 전이$^{Inter-System\ Crossing,\ ISC}$를 통하여 3중항 여기자로 변환하는 과정도 수반되었죠. 이를 통하여 네 가지 여기자들이 모두 발광에 기여하게 되어 이론적인 내부 양자 효율 100%를 달성하게 됩니다.

유기 발광 다이오드 상식 알아가기

즉, 인광은 여기된 전자가 단일항 S_1을 거쳐 3중항 T_1으로 계간 전이를 하는 것에서 비롯됩니다. 물론 여기상태에서는 3중항에서도 단일항에서와 마찬가지로 T_2, T_3 등 다양한 에너지준위를 가질 수 있죠. 다만 T_0 상태는 존재하지 않으므로 반드시 T_1에서 S_0 준위로 내려와야만 합니다. 즉, 인광은 T_1에서 S_0으로 에너지 전이가 일어나는 과정으로, 이럴 경우 스핀 상태의 변화가 발생하므로 선택 규칙 selection rule에 의해 자연계에서는 금지 전이 forbidden transition에 해당합니다. 그러나 발광 효율을 높이려면 상대적으로 많이 생성되는 3중항이 발광에 이용되어야만 하고, 이를 위하여 중원자 효과 heavy atom effect를 이용하여 무거운 금속원소들이 큰 자기모멘트를 생성함으로써 전자의 스핀 상태 변화, 즉 스핀 양자수의 부호가 바뀌도록 반강제적으로 유도를 하게 되죠. 주로 원자핵이 무겁고 충분히 큰 원소인 레늄(Re), 백금(Pt), 오스뮴(Os), 유로퓸(Eu), 이리듐(Ir), 터븀(Tb) 등이 인광 도펀트에 사용되어서 인광의 발생 및 계간 전이를 활용할 수 있도록 합니다. 이렇게 함으로써 형광에서는 1/4에 해당하는 25%만의 들뜬전자, 즉 여기자만을 이용하였는데, 인광에서는 나머지 75%까지도 발광에 이용할 수 있어서 내부 양자 효율을 100%까지 높일 수가 있습니다. 현재, 빨강과 초록 인광 재료들이 OLED에 적용되고 있으며, 아쉽게도 파랑은 청색의 수명과 함께 스펙트럼이 불완전하여 색 순도 확보에 어려움을 겪고 있습니다. 그리고 희토류 중금속을 사용하므로 비용이 높아지고 환경 문제 또한 등장하고 있죠. 이와 함께 인광 도펀트의 높은 가격과 특허 장벽들도 부담이 되고 있습니다.

특히 가격 문제의 대안으로 개발되고 있는 발광 기구가 열 활성화 지연 형광 Thermally Activated Delayed Fluorescence, TADF이며, 이는 2012년 일본 규슈대의 아다치 그룹이 발표한 이후로 효율과 안정성이 개선되고 있죠. 이에 더하여 최근에는 색 순도와 효율 문제까지 해결할 가능성이 있는 초형광 hyper fluorescence 물질이 발표되었습니다. 색 순도와 효율 그리고 수명의 최적화를 위한 OLED 소재는 여전히 개발 중이며, 특히 열화 burn-in나 화소 열화 현상 image sticking의 해결을 위하여 나날이 새로운 결과들이 제시되고 있습니다. 이에 대해서는 다음에서 이야기를 이어가 봅니다.

더 생각해보기

- '여기상태'와 '기저상태'를 정의하고, '여기상태'에 이르는 과정과 '기저상태'로 돌아가는 과정을 알아보자.
- 스핀, 스핀 양자수, 다중도 값, 단일항과 3중항 등에 관하여 더 알아보자.
- 형광(fluorescence)의 원리와 형광이 지니고 있는 문제점을 살펴보자.
- 인광(phosphorescence)이 필요하지만 이루기 어려운 이유가 무엇인지, 어떻게 극복하고 있는지 알아보자.
- 인광에서 더 개선하여야 할 점들은 무엇인지 생각해 보자.

수식으로 원리를 잡다!

단일항(Singlet)과 삼중항(Triplet)

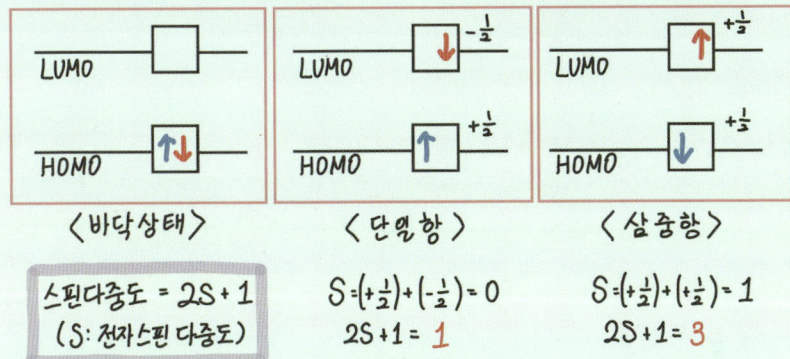

스핀다중도 = 2S + 1
(S: 전자스핀 다중도)

$S = (+\frac{1}{2}) + (-\frac{1}{2}) = 0$
$2S + 1 = 1$

$S = (+\frac{1}{2}) + (+\frac{1}{2}) = 1$
$2S + 1 = 3$

바닥 상태의 분자는 전자가 모두 HOMO 준위에 채워진 형태이고, 들뜬상태에서는 단일항과 삼중항이 서로 다른 방식으로 LUMO 준위와 HOMO 준위에 하나씩 채워진 형태이다.

단일항은 스핀양자수의 부호가 서로 다른 두 개의 전자가 더해져 스핀다중도의 값이 1인 상태이고, 삼중항은 부호가 같은 전자들이 더해져 스핀다중도의 값이 3이다.

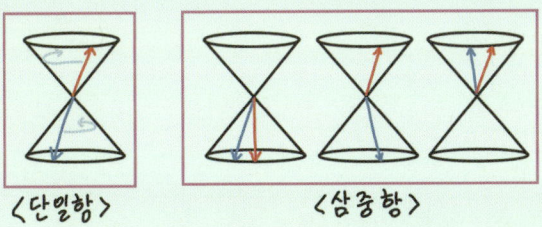

〈단일항〉 〈삼중항〉

즉, 단일항은 바닥 상태의 전자와 들뜬 상태의 전자의 운동량이 완전히 반대 방향이어서 서로의 힘을 상쇄시키는 상태를 의미하며, 삼중항은 운동량이 같은 방향인 경우를 의미한다. 그림에서 나타낸 바와 같이, 자연 상태에서는 단일항과 삼중항이 1:3의 비율로 존재한다.

OLED의 지연 형광

인광 소재를 사용하여 3중항 여기자를 발광 프로세스에 이용할 수 있지만, 특히 청색 발광의 불완전성과 가격 문제가 해결되지 못하고 있는 현황입니다. 따라서 형광보다는 발광에 필요한 시간이 더 길어진 지연 형광delayed fluorescence이라는 소재를 사용하여 3중항 여기자를 발광 프로세스에 이용하는 방법이 개발되고 있습니다. OLED에서 활용이 가능한 지연 형광은 크게 두 가지, 즉 3중항-3중항 소멸Triplet-Triplet Annihilation, TTA과 열 활성 지연 형광Thermally Activated Delayed Fluorescence, TADF으로 나누어지죠. TTA 현상은 pyrene에서 처음 발견되어 p형 지연 형광이라고도 하며, TADF 현상은 eosin에서 발견되어 e형 지연 형광이라고 합니다. 두 경우 모두 3중항을 이용하고 형광 발광을 한다는 점에서는 공통점

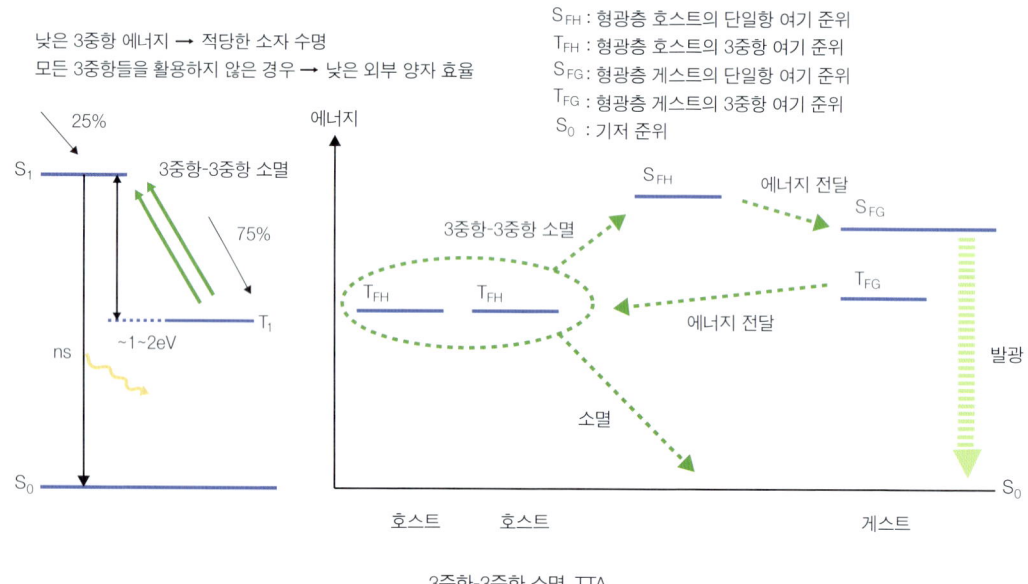

3중항-3중항 소멸, TTA

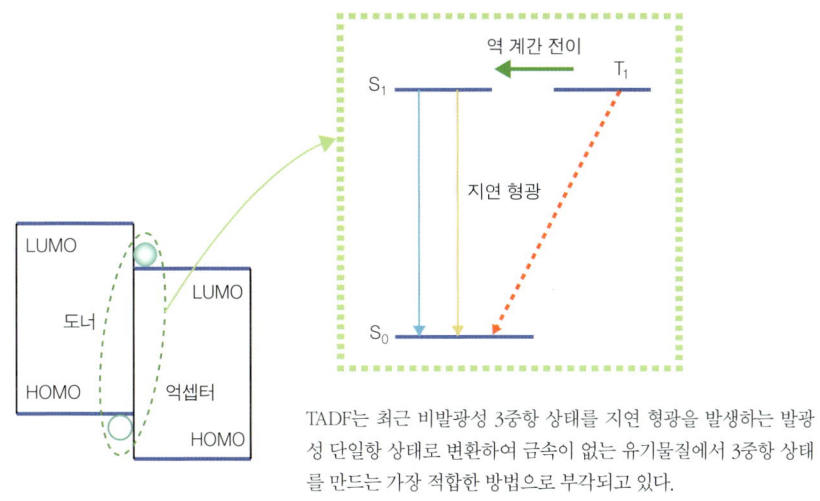

TADF는 최근 비발광성 3중항 상태를 지연 형광을 발생하는 발광성 단일항 상태로 변환하여 금속이 없는 유기물질에서 3중항 상태를 만드는 가장 적합한 방법으로 부각되고 있다.

열 활성 지연 형광, TADF

이 있으나 메커니즘이 서로 다르죠. TTA는 3중항 상태로 여기된 분자들 간의 상호작용이나 충돌 과정을 통하여 단일항 상태가 생성되는 과정입니다. 이러한 현상은 특히 3중항 여기자들의 밀도가 높을 때 일어나게 되죠. 다만 두 개의 3중항 여기자들이 충돌하여 한 개의 단일항 여기자가 발생되므로 효율 향상에는 한계가 있고 내부 양자 효율이 이론적으로는 62.5%로 제한됩니다.

TADF 현상에서는 단일항 준위와 3중항 준위의 차이를 1eV 이하가 되도록 작게 하여서, 상온 수준의 열에너지(약 28meV 정도)로도 3중항 준위에서 단일항 준위로 여기자들이 올라갈 수 있도록 유도됩니다. 이를 역 계간 전이 Reverse Inter System Crossing, RISC라 하죠. 역 계간 전이된 여기자들은 바닥상태로 내려오면서 빛을 발생합니다. 이론적으로는 인광과 동일한 수준인 최대 100%의 내부 양자 효율을 얻을 수 있죠. 일례로 2012년 일본의 규슈대 아다치 그룹에서는 4CzIPN(2,4,5,6-tetrakis(carbazol-9-yl)-1,3-dicyanobenzene)이라는 재료를 개발하여 OLED에 적용한 결과, 초록의 외부 양자 효율로 19%를 얻었습니다. 이 값은 OLED 내부에서 발생한 빛의 일반적인 손실을 감안할 경우, 거의 100%의 내부 양자 효율이 달성되었음을 의미하죠. 이 이후로 TADF는 더욱 관심을 받으며 현재까지 활발히 연구가 계속되고 있습니다. 다만 인광 소재의 경우와 마찬가지로 청색 영역에서 3중항 에너지준위가 높은 호스트 재료가 필요하며, 수명과 같은 안정성 문제가 해결되어야 합니다. 이를 위해 형광 도펀트를 추가로 첨가하여, 여기자가 형광 도펀트로 전달되어 발광을 하는 초형광 hyperfluorescence 시스템이 도입되고 있습니다. 즉, 호스트는 전자와 정공을 잘 모아 주고, TADF 도펀트는 단일항 여기자를 적극 생성하

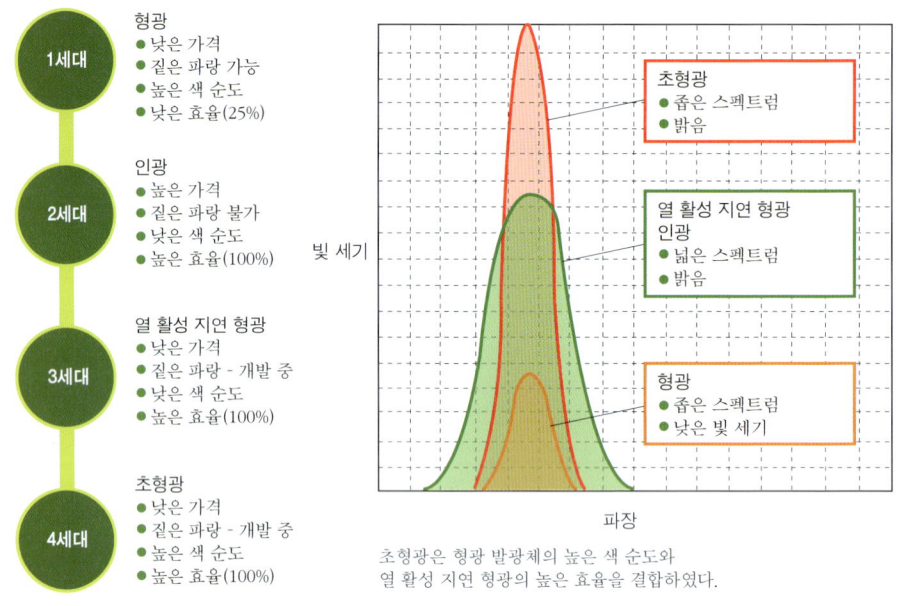

발광 소재의 진화

고, 형광 도펀트는 발광에 집중하고 있어 한층 개선된 TADF 특성이 얻어지고 있습니다.

좀 더 구체적으로 설명을 하면, TADF 소재들은 분자 CT$^{Charge\ Transfer}$ 특성을 이용하여 발광하므로 반치폭이 다소 넓게 됩니다. 그리고 낮은 BDE$^{Bond\ Dissociation\ Energy}$와 긴 지연 여기 시간으로 인하여 안정성이 떨어지는 단점이 있죠. 이를 해결하기 위하여 2014년 아다치 그룹에서 초형광 기술을 발표하였는데, 이는 TADF 소재를 발광체가 아닌 에너지 전달 매개체로 사용합니다. 이상적으로 에너지가 전달될 경우, 형광의 단점인 효율을 끌어올려 인광이나 TADF 수준을 얻을 수 있으며, 형광의 장점인 좁은 반치폭과 발광 특성을 그대로 유지할 수가 있습니다. 수명 향상도 가능하죠. 이러한 시도들을 통하여 현재 색 순도를 크게 높이고 있으며, 효율을 향상시키고, 수명과 안정성이 개선될 것으로 기대되고 있습니다. 하지만 이러한 발광 소재들이 효율과 수명 모두를 상용화 수준으로 완성하지는 못하고 있습니다. 100%의 완성도를 향하여 발광 재료는 지금도 설계, 개발 중입니다.

 **더 생각해보기**

- '인광' 소재의 어떤 점들의 해결이 어려운지 알아보자.
- '인광' 다음으로 개발되고 있는 발광 원리와 소재들은 어떤 특징들이 있는지, 개발을 위한 허들은 무엇인지 생각해 보자.

수식으로 원리를 잡다!

TADF 재료 발광 원리

TADF 소재는 단일항 준위와 삼중항 준위의 차이(ΔE_{ST})를 매우 작게 만들어 상온 수준의 열에너지로, 역계간전이 (Reverse Inter System Crossing, RISC) 현상을 통해 여기자(exciton)를 발광한다. 이때 ΔE_{ST}를 줄이기 위해 그림처럼 Donor unit (HOMO)과 Acceptor unit (LUMO)을 떨어뜨리게 되는데, 이는 전자의 교환에너지 (J)를 떨어뜨리고 RISC 확률 (k_{RISC})을 올리는 것을 아래 식을 통해 확인할 수 있다.

HOMO $\leftrightarrow$ LUMO → J ↓ → ΔE_{ST} ↓ → k_{RISC} ↑

4CzIPN

$$k_{RISC} \propto \exp\left(-\frac{\Delta E_{ST}}{k_B T}\right)$$

$$\Delta E_{ST} = E_S - E_T = 2J$$

$$\begin{pmatrix} E_S = E + K + J \\ E_T = E + K - J \end{pmatrix}$$

E : orbital energy (eV)
K : electron repulsion energy (eV)
J : exchange energy (eV)
A : frequency factor (s^{-1})

TADF 물질인 4CzIPN의 전자궤도함수는 1.65 eV 이고 전자 반발 에너지는 1.3 eV 이며, 전자 교환에너지는 0.05 eV 일 때 단일항 에너지 준위(E_S), 삼중항 에너지 준위(E_T) 그리고 그 차이(ΔE_{ST})를 구하고, RISC 확률(k_{RISC})을 구하시오. (상온 300K, $k_B = 1.38 \times 10^{-23}$ J, 1 J = 6.242×10^{18} eV, A = $10^4 s^{-1}$)

$E_S = E + K + J = 1.65 + 1.3 + 0.05$ eV $= 3$ eV.
$E_T = E + K - J = 1.65 + 1.3 - 0.05$ eV $= 2.9$ eV.
→ $\Delta E_{ST} = E_S - E_T = 0.1$ eV.

$k_{RISC} = A \exp\left(-\frac{\Delta E_{ST}}{k_B T}\right) = A \exp\left(-\frac{0.1 eV}{0.026 eV}\right) = 10^4 \times 0.021352 = 213.62$ s^{-1}

∴ 전자는 RISC를 1초에 213.62 만큼 발생할 확률을 갖는다.

유기 발광 다이오드 상식 알아가기

OLED의 특성 측정과 이해

OLED의 성능과 특성의 평가는 단기적인 요소(파라미터)와 장기적인 요소로 구분됩니다. 단기적으로는 일반적인 전기광학적 특성이 해당되죠. 즉, 전압과 전류(밀도), 전류와 휘도, 이를 함께 표현하는 전압-전류-휘도 특성 그리고 발광하는 빛의 스펙트럼 등입니다. 이러한 특성들은 소자의 전압을 증가

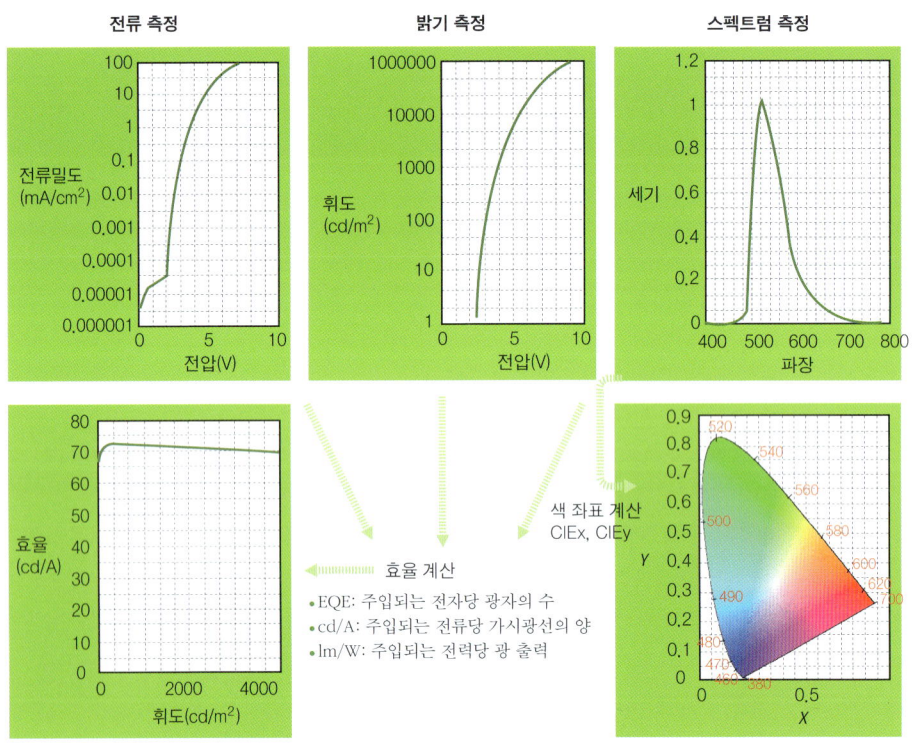

OLED 단기적 특성 측정

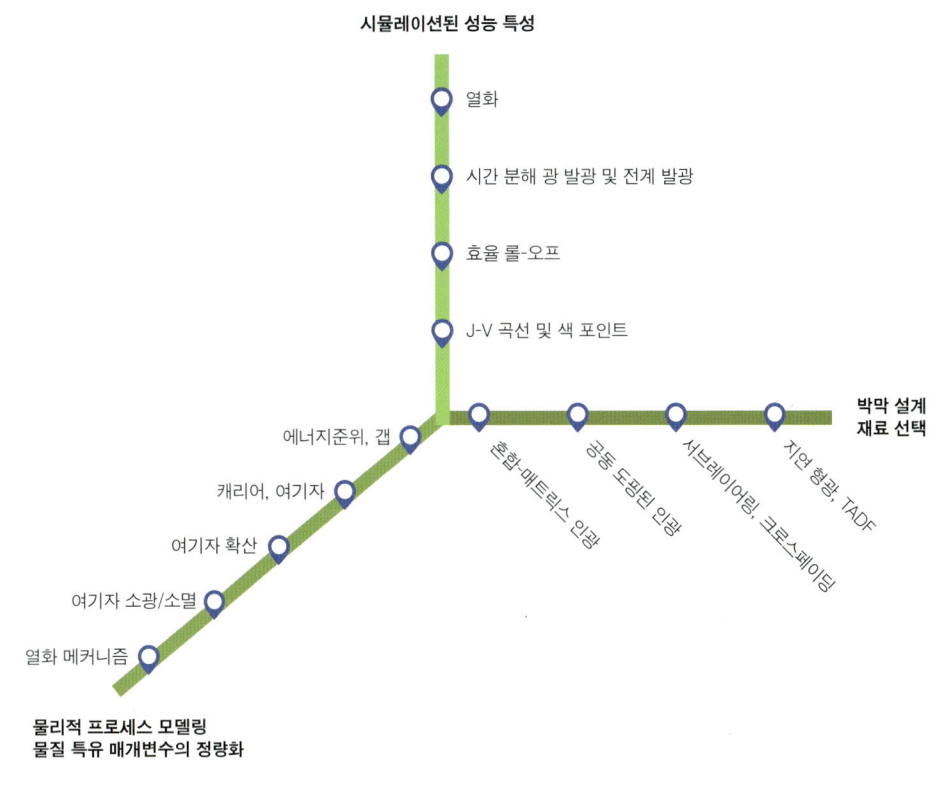

특성 파라미터들

시키면서 전류를 측정함과 동시에, 발생되는 빛을 포토다이오드로 측정하면서 동시에 추출될 수 있습니다.

    이러한 전압-전류-휘도 특성으로부터 효율을 산출할 수 있으며, OLED 소자 내부로부터 외부로 나오는 빛의 경로에 따라 내부 양자 효율, 외부 양자 효율, 전류 효율, 전력 효율 등으로 정리될 수 있습니다. 내부 양자 효율은 주입된 전자들의 수에 대한 소자 내부에서 생성된 광자들의 수 비율, 외부 양자 효율은 역시 주입된 전자 수에 대한 소자 외부로 방출된 광자 수의 비율에 해당합니다. 그러므로 내부 양자 효율은 OLED의 재료적 특성, 외부 양자 효율은 OLED의 구조적 특성에 크게 의존하게 되죠. 그리고 전류 효율은 단위 전류에 대해 얻어지는 휘도, 전력 효율은 인가된 전력에 대한 전체 광량의 비로 산출됩니다. 전류 효율은 인가된 전압과는 무관하므로 발광 재료 자체의 성능을 나타내며, 전력 효율의 경우 소자의 적층 구조나 전극 구조에 따라 차이가 발생할 수 있습니다.

    장기적인 요소는 수명과 안정성인데, 디스플레이의 수명은 일반적으로 처음 밝기로부터 밝기가

50%까지 감소하는 시간을 나타냅니다. 그리고 안정성은 고온과 저온 특성 등 주변 환경의 변화에 따른 소자의 성능과 수명에 관련되죠. 지금부터 전기광학적 특성, 효율, 수명에 관해 이야기를 이어갈 생각입니다.

더 생각해보기

- OLED 소자의 특성 측정을 위한 시스템의 구성도, 설치를 설계해 보자.
- 어떤 측정 set-up을 통하여 어떤 파라미터들을 얻을 수 있는지도 알아보자.

수식으로 원리를 잡다!

✶ OLED의 전기광학적 특성

OLED의 성능과 특성을 평가하는 단기적인 요소로는 일반적인 전기광학적 특성이 해당된다. 전압과 전류(밀도), 전류와 휘도, 전압-전류-휘도 특성, 발광되는 빛의 스펙트럼 등이 있다.

- 전류 밀도 (J) — 단위 면적당 전류의 양

$$J\ (A/m^2) = \frac{i\ (A)}{\text{소자 면적}\ (m^2)} \quad (i : 전류)$$

- 전류 효율 (CE) — 단위 면적당 흐르는 전류에 대해 얻어지는 휘도

$$CE\ (cd/A) = \frac{L\ (cd/m^2)}{\text{전류 밀도}\ (A/m^2)} \quad (L : 휘도)$$

- 전력 효율 (PE) — 인가된 전력에 대한 전체 광량의 비

$$PE\ (lm/W) = \frac{L\ (cd/m^2) \cdot \text{소자 면적}\ (m^2) \cdot \pi}{i\ (A) \cdot V} \quad (V : 전압)$$

Q. 가로 2cm, 세로 2cm 크기의 active area를 가지는 발광소자에 9.5mA의 전류가 인가될 때 500 cd/m²의 휘도를 보인다. 이때, 소자의 전류 밀도와 전류 효율을 구하시오.

A.
$$\text{전류밀도}\ (J) = \frac{9.5mA \times \frac{1A}{10^3 mA}}{2cm \times 2cm \times \frac{1m^2}{10^4 cm^2}} = \underline{23.75\ A/m^2}$$

$$\text{전류효율}\ (CE) = \frac{500\ cd/m^2}{\text{전류밀도}\ (A/m^2)} = \frac{500\ cd/m^2}{23.75\ A/m^2} = \underline{21.05\ cd/A}$$

KBN.

OLED의 전기적 성능

전기광학적 성능은 전기적인 입력과 출력 특성 그리고 입력 신호를 전기적인 신호로 인가할 경우 얻어지는 광학적 신호와 관련된 그래프나 데이터입니다. 이 중에서 전기적 특성 측정과 의미를 먼저 다룹니다.

전압을 입력으로 하고 출력되는 전류 값을 얻으면, 일반적인 다이오드 특성이 나타납니다. 즉, 순방향으로는 전류를 잘 통과시키지만, 역방향으로는 거의 전류가 흐르지 않죠. 이 경우, 입력을 전기장

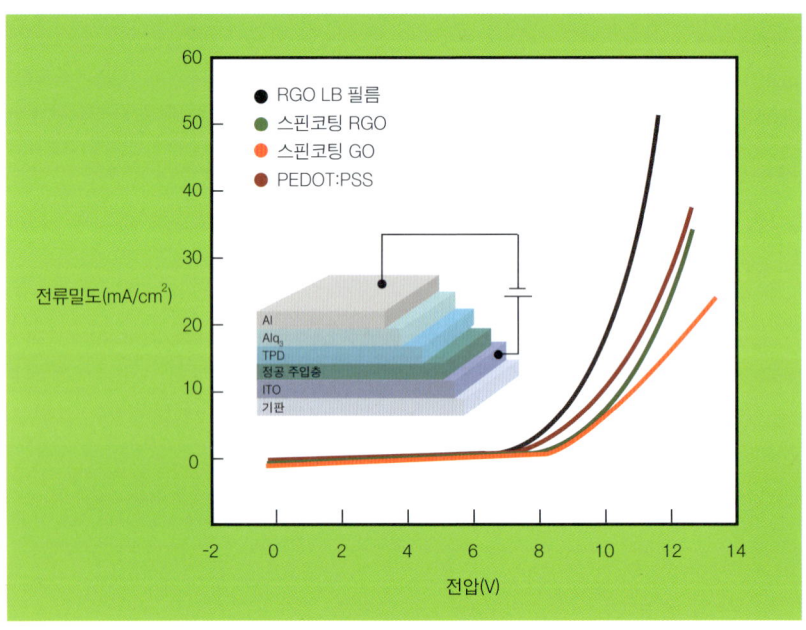

서로 다른 필름을 정공 주입층으로 갖는 OLED의 전류-전압 특성 곡선

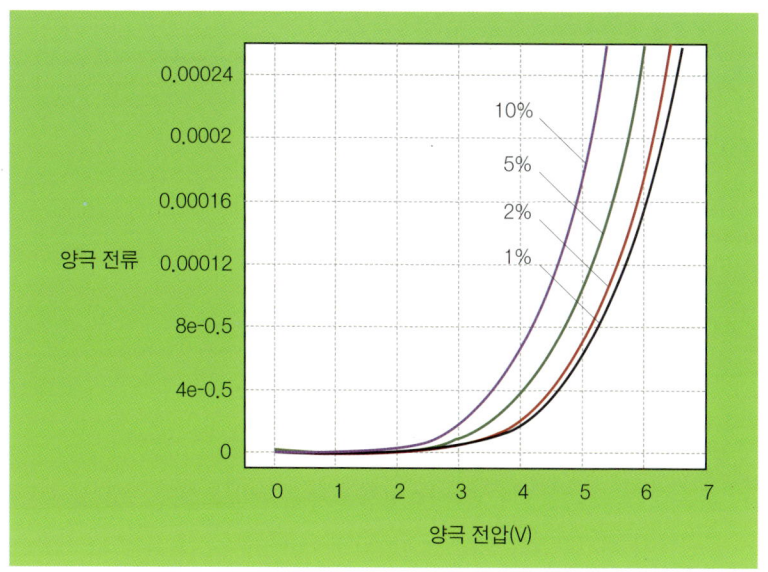

도핑 비율에 따른 *I-V* 특성

으로, 출력을 전류밀도로 표현하기도 하죠. 그리고 매개변수나 인자들로 도핑 정도, 막 소재나 구조(두께)의 변화, 온도, 주파수 등을 넣어 각각의 변수들에 대해 다이오드로서의 특성 변화를 읽기도 합니다. 물론 가속 수명 테스트나 열화 과정 전후의 소자에 대해 전류-전압 특성을 비교하여 소자의 손상 정도를 살펴보기도 하죠. 일반적으로 열화는 재료 자체와 각 층의 계면에서 발생하는 것으로 구분되며, 인가 전압이 같아도 전류가 상대적으로 적게 흐르는 문제를 일으킵니다. 그리고 특정한 전류 값에 이르려면 어느 정도의 전압이 필요한지, 소자가 파괴되는 최고 전압이나 전류 값은 어느 정도인지를 알 수도 있죠. 전압과 전류 값을 로그 스케일로 표시하기도 하고, 능동 구동의 경우 신호 전압과 OLED를 흐르는 전류 값을 통하여 보다 광범위하고 실용적인 데이터 해석을 하기도 합니다. 그리고 이러한 전류-전압 특성과 휘도를 함께 표시한 휘도-전압-전류 특성을 통하여 전기광학적인 특성을 함께 볼 수도 있습니다.

● 전기적 특성, 데이터 표현 방법과 함께 수식(실험식)에 관한 실험-이론도 공부해 보자.

OLED의 전기광학적 성능

전기광학적 특성으로서는 전류-전압 특성과 함께 휘도를 나타낸 휘도-전압-전류 특성이 대표적입니다. 이를 통하여 소자의 전기적인 특성과 광학적인 특성을 함께 비교하여 분석할 수 있습니다. 예를 들어, 최소 발광에 필요한 인가 전압인 턴 온 전압turn on voltage, 특정 휘도를 얻기 위한 전압 및 전류 값들을 알 수 있죠. 그리고 서로 다른 소재와 발광층의 도핑 농도 등을 가지는 소자들을 서로 비교하는 데에도 이용됩니다. 인가 전압의 증가에 대해 휘도와 전류밀도의 증가를 로그 스케일로 표기하면 서로 비슷한 경향을 보입니다. 아울러, 소자 성능을 대표하는 양자 효율, 전류 및 전력 효율 등을 산출할 수 있습니다.

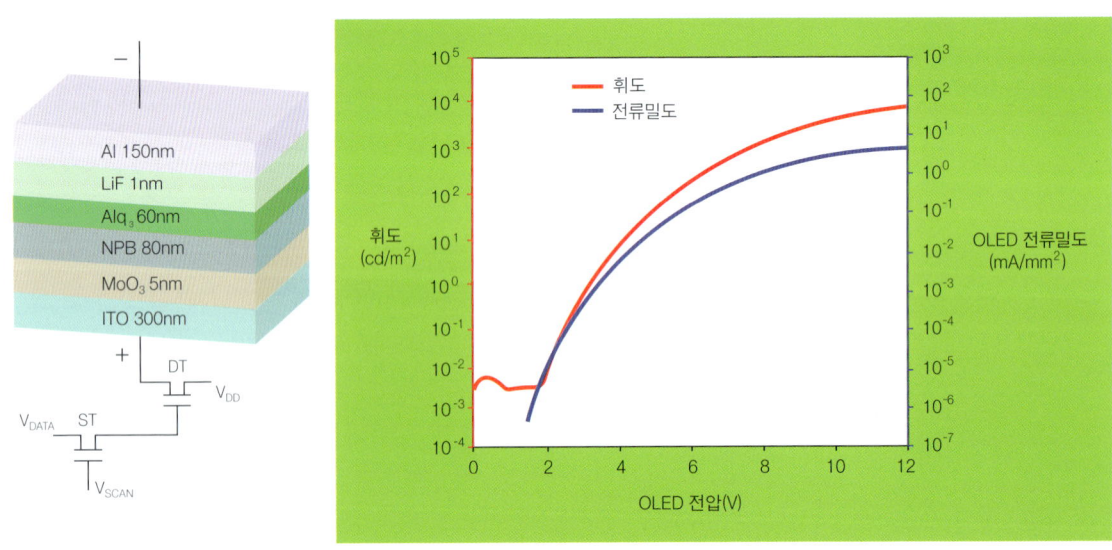

전압-전류-휘도

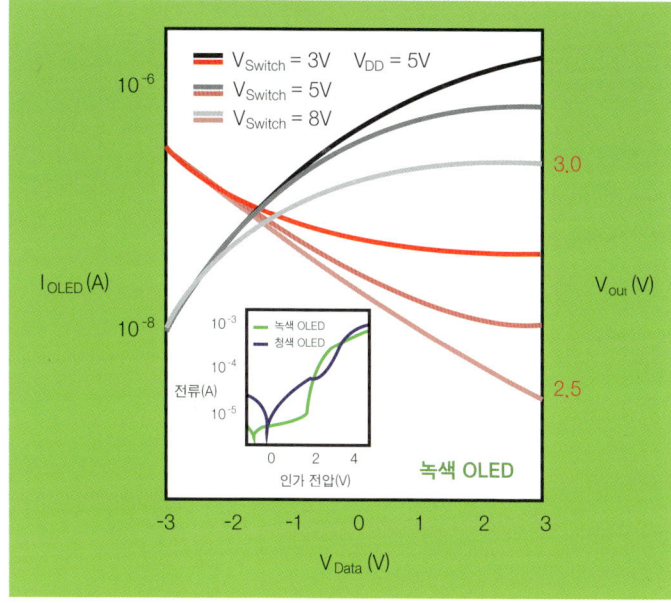

- 녹색 OLED(V_{Switch} = 3, 5, 8V일 때)에 대한 V_{Data} 변화에 따른 화소 구동 회로에서 얻은 OLED 전류 및 출력 전압 도표

각 V_{Switch} 조건에 따라 방출 강도 및 I_{OLED} 가 다름

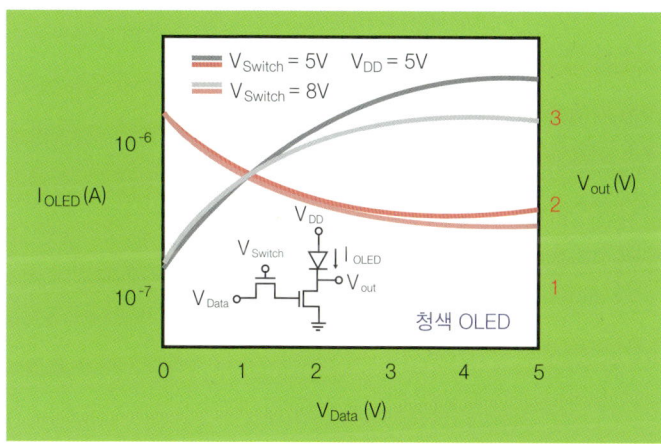
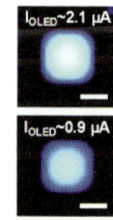

- 청색 OLED(V_{Switch} = 5, 8V일 때)에 대한 V_{Data} 변화에 따른 화소 구동 회로에서 얻은 OLED 전류 및 출력 전압 도표
- 삽입된 회로 모식도는 아날로그 OLED 화소 구동 회로를 보여 줌

각 V_{Switch} 조건은 서로 다른 청색 방출 강도와 I_{OLED} 를 유발함
모든 스케일 바는 50μm임

전압-전류-출력

특히 능동 구동의 경우, 화소 구동 회로와 OLED 소자를 함께 묶어서 테스트할 수도 있는데, 예를 들어 신호 구동 IC에서 제공되는 신호 전압과 실제 OLED에 흐르는 전류와의 관계를 얻을 수도 있습니다. 물론 각각의 부화소들에 대한 동시 측정도 가능하며, 부화소들에서 나오는 빛의 밝기도 신호 전압과 OLED에 흐르는 전류별로 측정하여 분석할 수도 있죠.

광학적 성능은 주로 스펙트럼 분포의 측정과 분석에서 시작됩니다. 즉, 가시광 스펙트럼 범위에

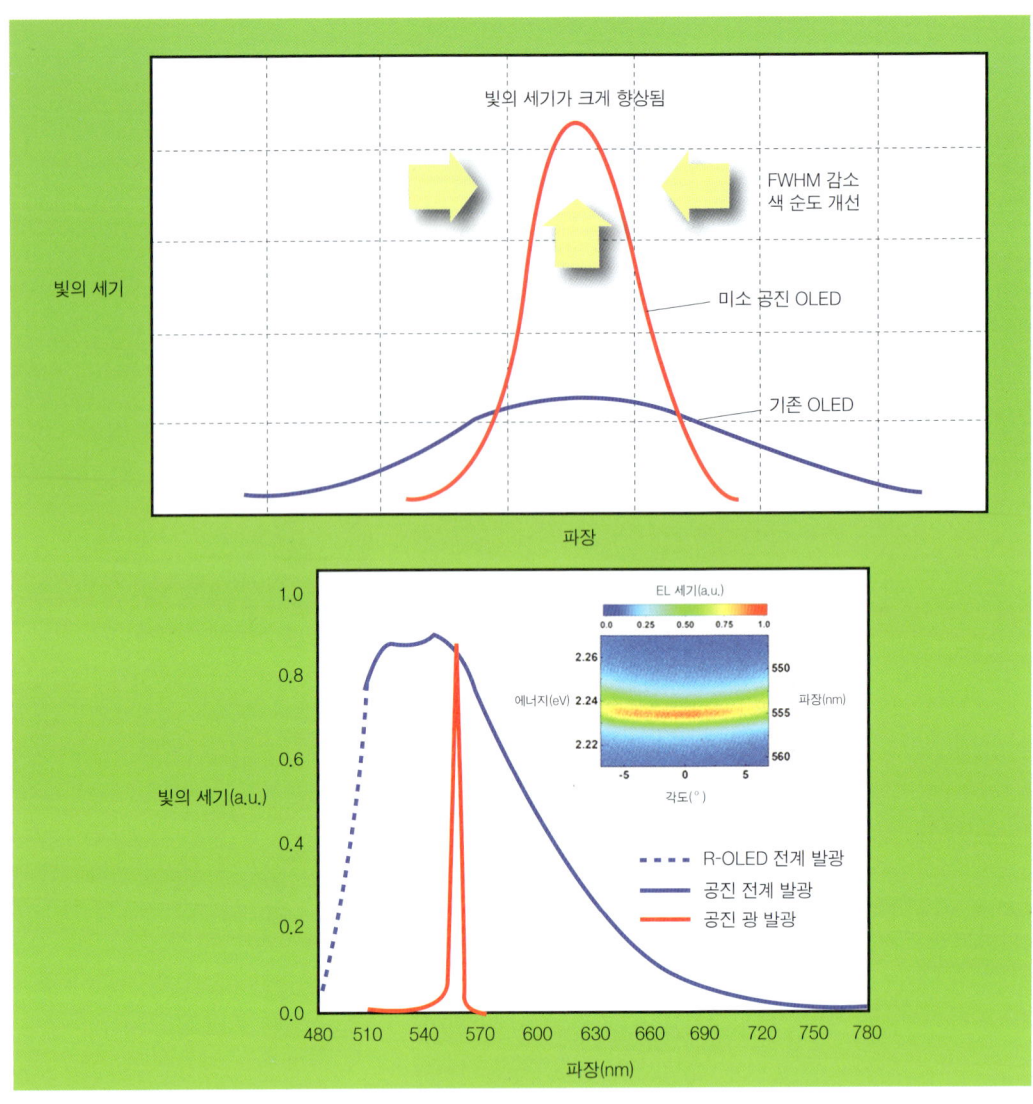

발광 스펙트럼

서의 전체 스펙트럼을 통하여 파장 영역에 따른 빛의 세기를 관찰하기도 하고, 같은 흰색이라도 빨강(R), 초록(G), 파랑(B) 각각의 스펙트럼들이 어느 정도의 비율과 세기로 존재하는지도 살펴봅니다. 특히, 색 순도를 높이기 위해서는 각각의 3원색이 가능한 좁은 반치폭을 가져야 하는데, 이 값도 측정하게 됩니다. 이와 함께 색 재현율도 얻을 수 있으며, 3원색들의 혼합으로 만들어지는 색이 색 좌표 내에서 어디에 위치하는지도 분석됩니다.

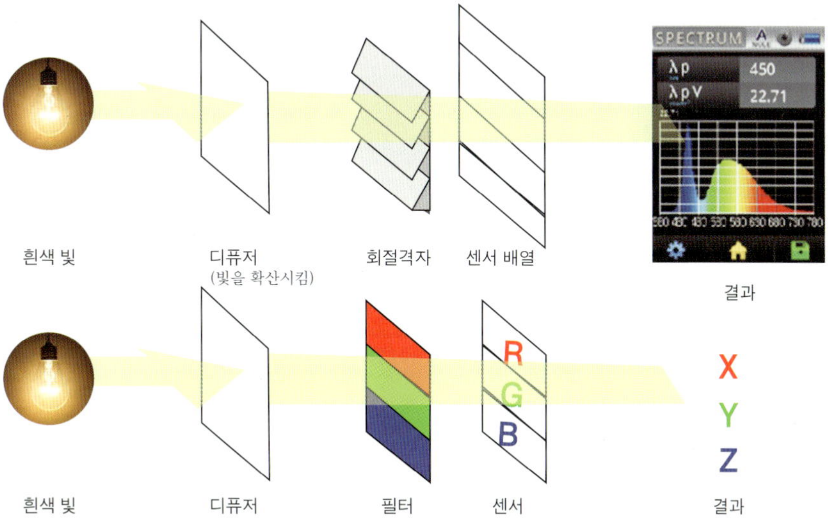

흰색 빛　　　디퓨저　　　회절격자　　센서 배열　　　　결과
　　　　　　(빛을 확산시킴)

흰색 빛　　　디퓨저　　　필터　　　　센서　　　　　　결과

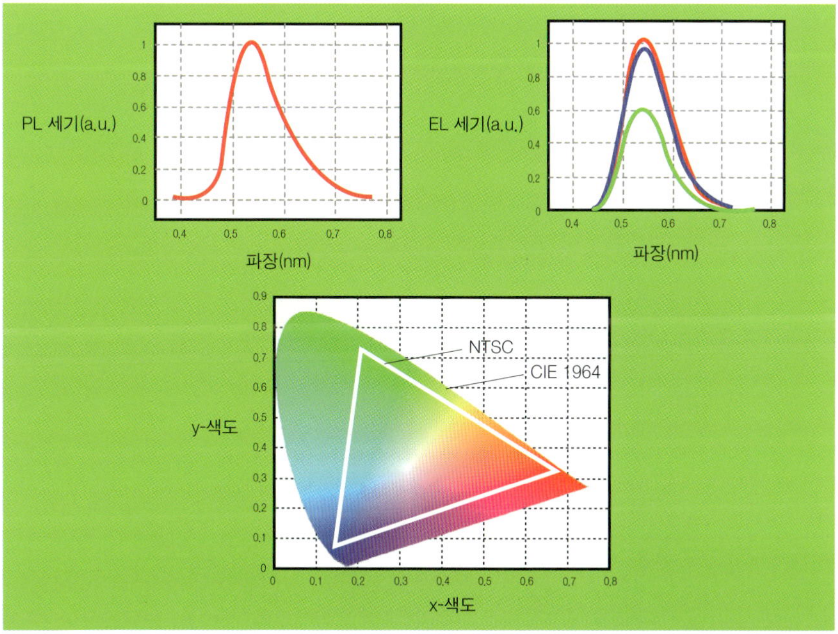

색 좌표

더 생각해보기

● 전기광학적 특성, 데이터 표현 방법과 함께 수식(실험식)에 관한 실험-이론도 공부해 보자.

유기 발광 다이오드 상식 알아가기

수식으로 원리를 잡다!

FWHM이란?

FWHM은 Full-Width at Half-Maximum의 약자로, 어떤 함수의 폭을 나타내는 용어이다. 그림과 같이, 어떤 함수가 x_{max}에서 최댓값 $f(x_{max})$를 가지고 x_1와 x_2값에서 함수 최댓값의 절반으로 감소한 값을 가진다고 가정한다면, FWHM은 아래식과 같다.

$$f(x_1) = f(x_2) = \frac{1}{2} f(x_{max}) \qquad FWHM = |x_1 - x_2|$$

FWHM은 OLED소자의 광학적 특성에 해당하며, 색순도 정의에 사용된다. FWHM이 작을수록 목표파장대의 빛만 발광되고 RGB로 구현시 원하는 색(파장대)을 더 정확하게 구현할 수 있으며, 이를 색재현성 증가라고도 한다.

⇒ FWHM↓ → 색순도↑, 색재현성↑

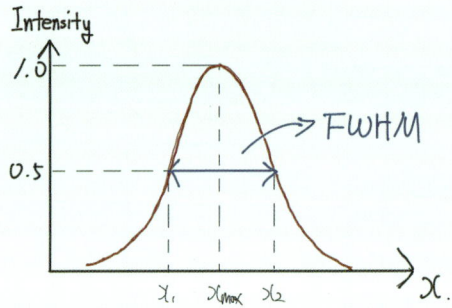

Q. 청색 OLED의 peak intensity가 아래 f(x) 그래프와 같을 때, 해당 OLED 소자의 FWHM을 구하시오.

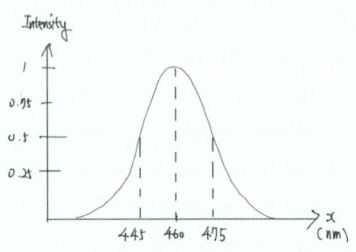

A.
$$f(445) = f(475) = \frac{1}{2} f(460)$$
$$FWHM = |475 - 445| \, nm = 30 \, nm$$

OLED의 효율

OLED 소자의 효율 중에서 양자 효율이 기초 이론 및 원리에 충실하며, 이는 전류 효율이나 전력 효율을 통하여 우리에게 일반화될 수 있습니다. 양자 효율은 내부 양자 효율과 외부 양자 효율로 정의되는데, 내부 양자 효율은 '인가된 전하의 개수에 대해 생성된 광자의 개수'를 의미합니다. 즉, 전자와 정공이 결합하는 비율, 결합된 전하들이 여기자를 생성하는 비율, 생성된 여기자들이 발광하는 비율에 따라 결정되죠. 발광층으로 유입된 전자와 정공은 가능한 한 많이 결합하기 위하여 개수의 균형과 함께 비슷한 속도로 와서 오래도록 머물러야 합니다. 이러한 소재와 구조적인 접근을 통하여 100%를

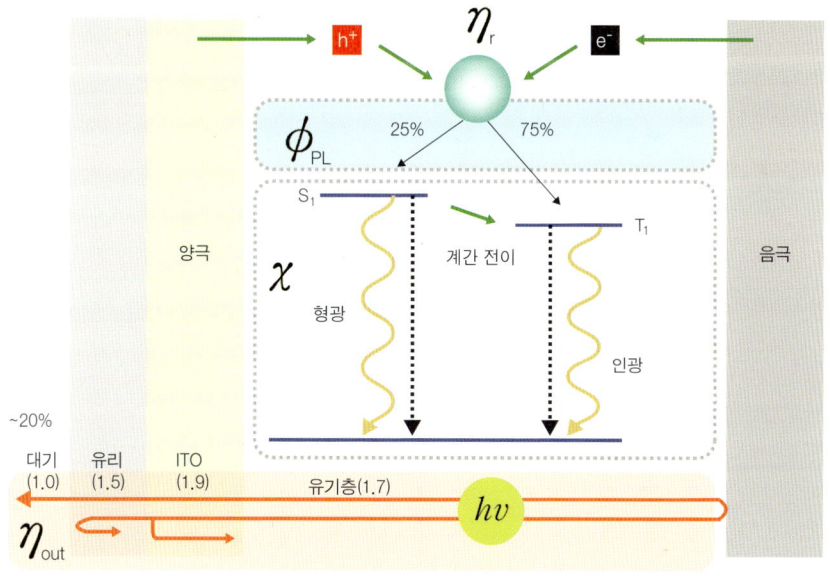

OLED 발광 과정 및 효율

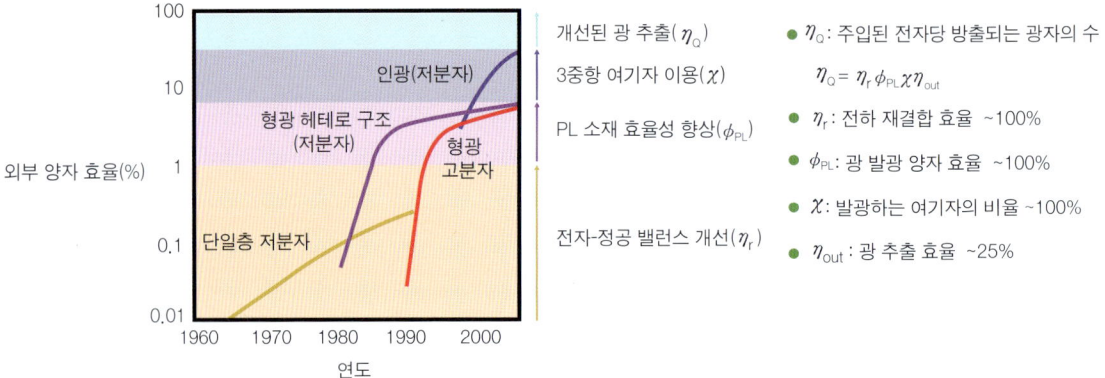

OLED 양자 효율

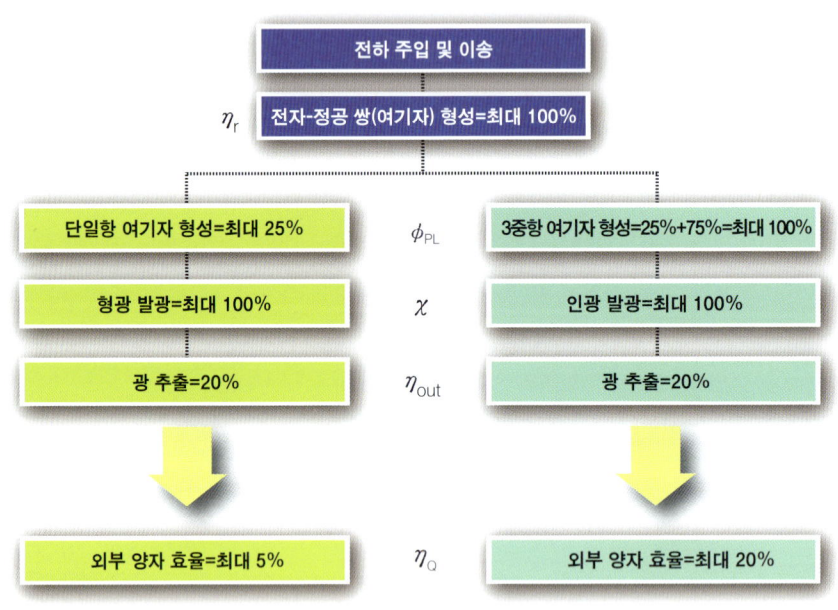

OLED 발광 효율

목표로 하고 있죠. 결합된 전하들이 여기자를 생성하는 비율은 다른 노트에서 설명하였지만, 형광의 경우 25%이며, 인광이나 열 활성 지연 형광, 초형광 등의 기술 발전을 통하여 역시 100%를 지향하고 있습니다. 다음으로 생성된 여기자들이 빛을 만들어내는 비율 또한 물질 고유의 손실, 열에너지로의 전환 과정을 최소화함으로써 100% 수준으로 끌어올리는 것이 가능합니다.

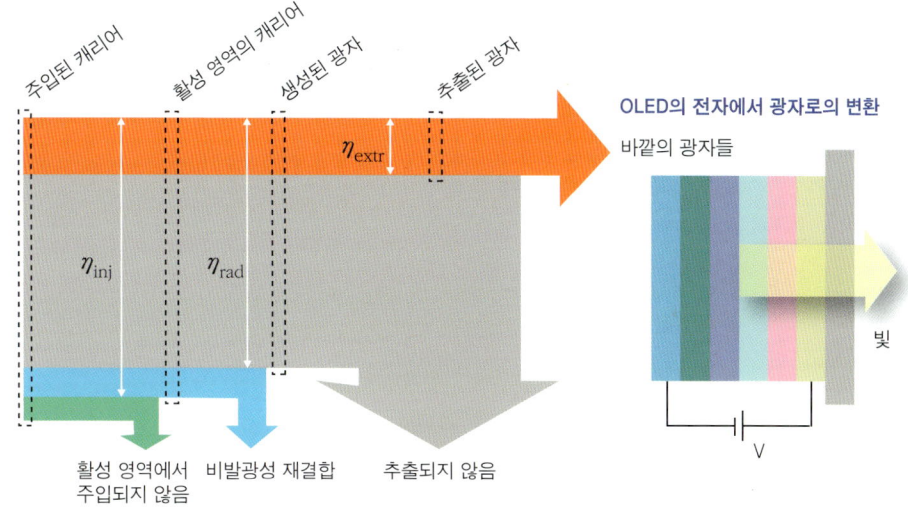

외부 양자 효율의 개선

    외부 양자 효율은 발광으로 인하여 생성된 광자들이 밖으로 나오는 비율을 추가하면 됩니다. 결국 우리가 볼 수 있는 빛으로 도달할 수 있는 정도죠. 결국, 주입된 전하들이 얼마나 많은 광자를 소자 바깥으로 내보내는가에 달려 있습니다. 통상적으로 소자 내부에서 생성된 광자들의 20% 안쪽인데, OLED 구성 부분들의 굴절률 차이, 불투명한 전극(주로 음극)과 유기물 계면 간에 빛이 갇히는 광 도파 현상 등이 주된 원인입니다. 이러한 광 손실을 줄이기 위해 광 추출 효과 등을 적용하여 가능한 많은 빛을 밖으로 끌어내려고 노력 중이죠. 일례로 내부 전반사 방지를 위한 굴절률 매칭, 요철 구조나 미소 렌즈 설치를 이용한 빛의 경로 개선 등이 적극 개발되고 있습니다.

    효율을 공학적으로 좀 더 편하게 표현하기 위해 전력 효율(lm/W)과 전류 효율(cd/A)을 사용합니다. 전력 효율의 경우, 'lm/W'의 단위에서 알 수 있듯이 전력이 입력으로, 광속(광선속, 발광 출력)이 출력으로 표현되는 입출력의 비율입니다. 전력 효율은 발광 효율(luminous efficacy), 전등 효율 등으로 표현되기도 하죠. 즉, 분모는 qV로 단위 전하량과 인가 전압의 곱이 되며, 분자는 외부 양자 효율에 hv, 빛의 에너지를 곱한 값이 되죠. (분모는 화소에 흐르는 전류와 인가 전압의 곱, 분자는 화소 면적에 휘도와 파이(π)를 곱한 값의 형태로 표현하기도 합니다.) 여기서 변환 효율luminous efficiency이란 용어도 등장하는데, 이는 단위가 없거나 %로, 말 그대로 전기 입력과 광출력의 비(율)를 뜻합니다. 다만, OLED는 전류로 구동이 되므로 전류 효율이 이해가 더 쉽죠. 전류 효율은 소자를 흐르는 전류와 이에 따라 생성되는 빛의 밝기와의 관계를 나타냅니다.

더 생각해보기

- OLED 소자 내부로부터 외부의 우리 눈에 이르기까지 빛의 손실 과정을 알아보고, 이를 각각의 효율들과 연관시켜 보자.
- 각각의 효율들을 증가시키기 위한 노력과 방법들을 공부하고 고안해 보자.

수식으로 원리를 잡다!

내부양자효율 (IQE)

- 주입된 총캐리어 수 대비 생성된 총 광자의 수

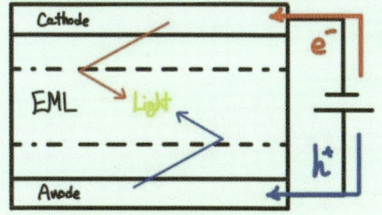

$$\eta_{IQE} = \gamma \times \eta_r \times \phi_p$$

γ : 주입된 캐리어의 밸런스 인자
η_r : 주입된 캐리어에 의해 생성되는 여기자의 생성 효율
ϕ_p : 여기자가 광자를 생성하는 비율

외부양자효율 (EQE)

- 주입된 캐리어당 방출되는 광자의 수

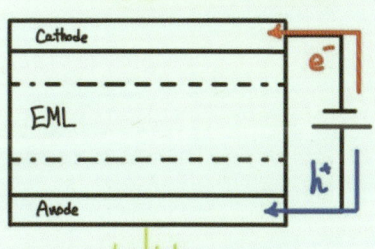

$$\eta_{EQE} = \eta_{IQE} \times \eta_{out}$$

η_{IQE} : 내부 양자 효율
η_{out} : 광 추출 효율

Q. 다음 조건에서 외부 양자효율을 구하시오

$\phi_p : 25\%$, $\eta_r : 98\%$, $\gamma : 0.99$, $\eta_{out} : 20\%$

$$\eta_{EQE} = \eta_{IQE} \times \eta_{out} = (\gamma \times \eta_r \times \phi_p) \times \eta_{out}$$

$$\eta_{EQE} = (0.99 \times 0.98 \times 0.25) \times 0.20$$

$$\therefore \eta_{EQE} = 4.85\ \%$$

OLED의 수명

일반적으로 디스플레이의 수명은 화면의 밝기가 초기 휘도의 50%까지 감소하는 데 걸리는 시간으로 정의합니다. 물론 휘도 이외에도 수명을 결정하는 요인들은 더 있죠. 예를 들어, 동작 전압이나 소비 전력이 급격히 증가하거나 색상이 변하고 화면 전체가 균일하지 않은 경우에도 수명을 다하였다고 볼 수 있습니다. 수명에 영향을 주는 요인도 다양한데, 화면 밝기를 지나치게 높여도 수명이 줄

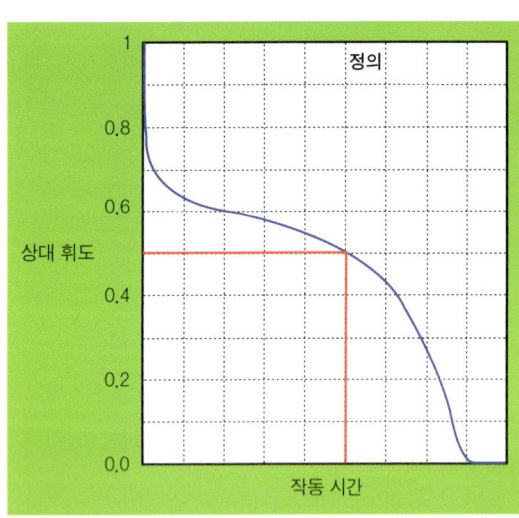

디스플레이의 수명은 일반적으로 초기 휘도의 50%까지 감소하는 데 걸리는 시간을 의미

발생 가능한 다른 영향
- 동작 전압의 증가
- 발광색 변화
- 발광 균일도 변화(에지 효과, 암점 등)

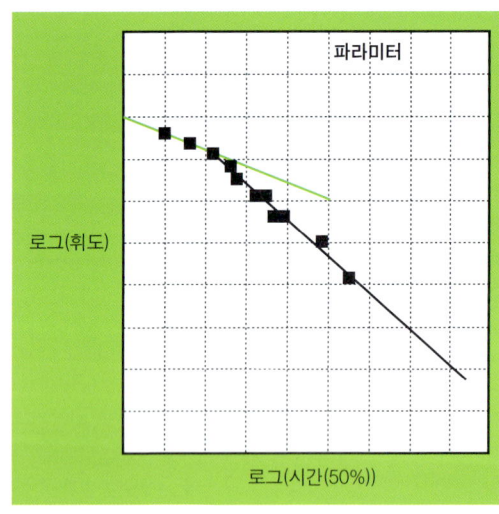

수명을 결정하는 요인
- 휘도
- 작동 모드(상수, 펄스 등)
- 환경 조건(온도, 습도, 자외선 등)

OLED 수명

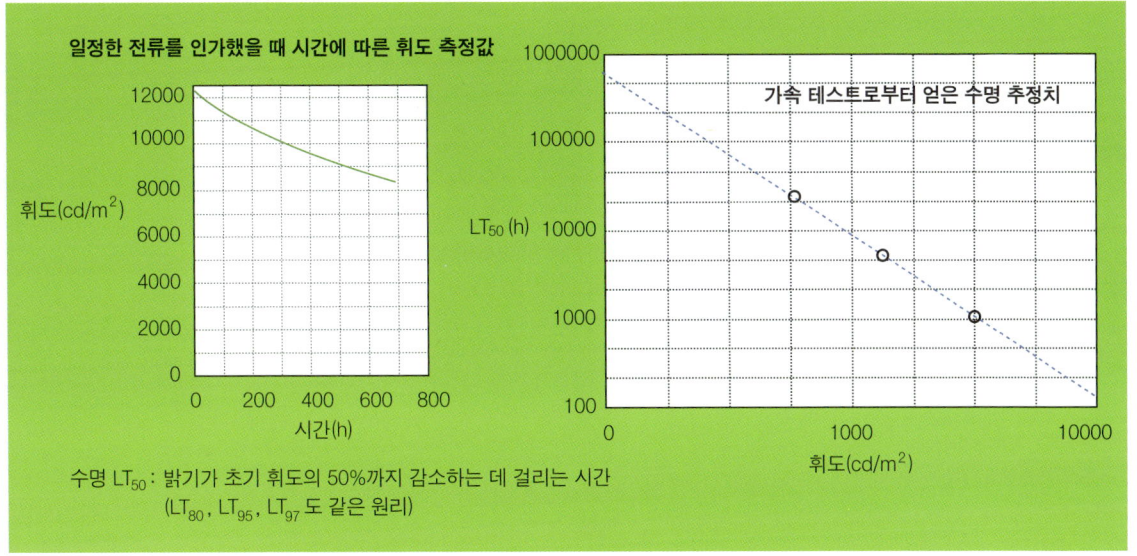

OLED 수명 측정

어들고, 인가되는 전기 입력이 직류인지 교류나 펄스인지 듀티 비duty ratio는 얼마인지가 수명을 결정하기도 하죠. 디스플레이의 사용 환경도 중요한데, 특히 온도나 습도가 높거나 자외선 등 직사광선이 강한 공간에서는 수명이 영향을 받을 수 있습니다. 요구되는 수명 기간도 디스플레이 응용 제품들에 따라 서로 다른데, TV의 경우에는 7~10년으로 5만 시간 이상의 수명이 요구되고, 휴대폰은 3년 정도로 3만 시간 정도의 수명이 요구되는 것이 통상적인 관례로 볼 수 있습니다.

디스플레이 수명을 측정하기 위해서는 가속 수명 테스트를 하는데, 디스플레이를 사용 환경보다 한층 가혹한 조건인 고온 다습 환경에 설치하고 수명 측정을 한 뒤, 이 값에 노화 인자aging factor에 해당하는 가속 계수acceleration factor를 곱하여서 실제 수명을 추정하고 있습니다. 일례로 OLED의 경우, 섭씨 60~85도의 온도, 80~90%의 상대습도 분위기에서 수명을 측정한 후, 이 값에 수십~수백 범위의 가속 계수를 곱하여서 실제 수명을 추정하죠. 가속 계수는 가혹 조건뿐만 아니라 소자에 적용된 소재나 소자의 구조에 따라 다르기 때문에 일반적으로는 가혹 조건의 변화를 통해 확보한 데이터를 기반으로 아레니우스 모형과 같은 모델을 사용하여 도출합니다. 하지만 이러한 가속 계수를 활용하여도 측정 시간이 너무 길어지면, 일정 기간만 측정한 후에 외삽법extrapolation을 통해 수명을 추정하기도 합니다.

일반적인 사용 환경 아래서 수명 측정을 하는 경우도 있는데, 이 경우에 특성 곡선은 가로축은 로그 스케일의 시간으로, 세로축은 정규화된 휘도normalized luminance로 표기하는 경우가 많습니다. 이때 매

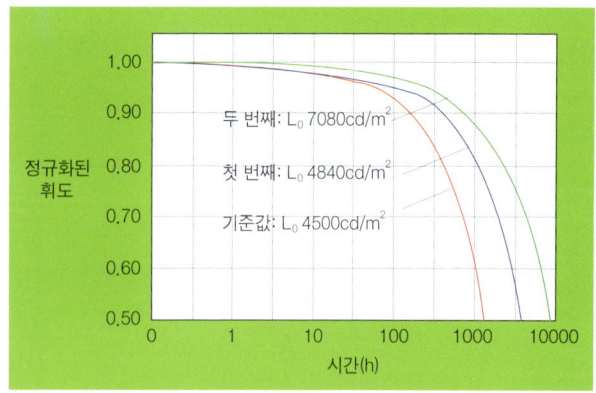

PHOLED가 실온에서 일정한 전류 내에서
동작하는 시간에 따른 정규화된 휘도 감소

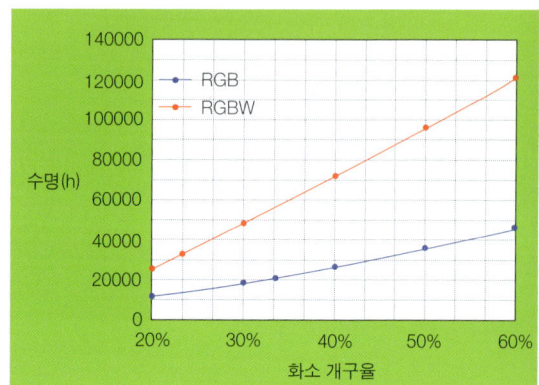

화소 개구율에 따른 평균적으로
사용할 수 있는 디스플레이 수명

OLED 수명 측정 일례

개변수로는 인가된 전류 값이나 휘도 또는 환경에 대한 온도나 습도 값 등을 넣기도 하고, 발광층 등의 소재 종류, 산소와 수분 침투 방지를 위한 봉지 구조 등으로 데이터를 구분하기도 하죠. 이 외에도 세로축을 수명으로 하고 가로축으로는 개구율이나 휘도 등으로 표기하는 경우도 있으며, 실로 다양한 측정 방법과 데이터 표현이 OLED의 수명 측정에 적용되고 있습니다.

더 생각해보기

- OLED의 손상, 수명을 단축할 수 있는 요인들을 패널의 내부와 외부로 구분하여 조사해 보자.
- 각각의 요인들을 해결하고 극복하기 위해 어떤 방식이나 기술들이 개발되어야 하는지 생각해 보자.

수식으로 원리를 잡다!

디스플레이의 수명 측정하기

⟨Acceleration Lifetime Measurement⟩

$$T = T_0 (L_0 / L)^n$$

* L : 광원의 원래 밝기
  L_0 : 측정을 위해 바꾼 밝기
  T : L에서의 수명
  T_0 : L_0에서의 수명

우리가 평소에 사용하는 밝기에서의 디스플레이에서의 수명을 측정하려면 몇 년이 걸릴 수 있습니다. 따라서 높은 밝기로 실험을 진행한 후, 위의 보정식을 이용하여 실제 사용하는 밝기에서의 수명을 측정할 수 있습니다.
이때 지수 n은 디스플레이의 광원의 밝기와 수명이 정비례하지 않음을 의미합니다. 예를 들어 밝기 1000 cd에서의 수명과 500 cd에서의 수명이 2배 차이 나는 것이 아니라는 거죠. 따라서 측정하는 디스플레이의 특성을 고려하여 지수 n을 설정하여 보정하게 됩니다. (보통 1.2~1.6 정도)
여기에 더해, 측정 시간을 더욱 줄이기 위해 고온 다습한 극한의 환경에서 수명을 측정하고 보정하기도 한답니다.

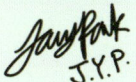
J.Y.P.

OLED의 다른 특성들

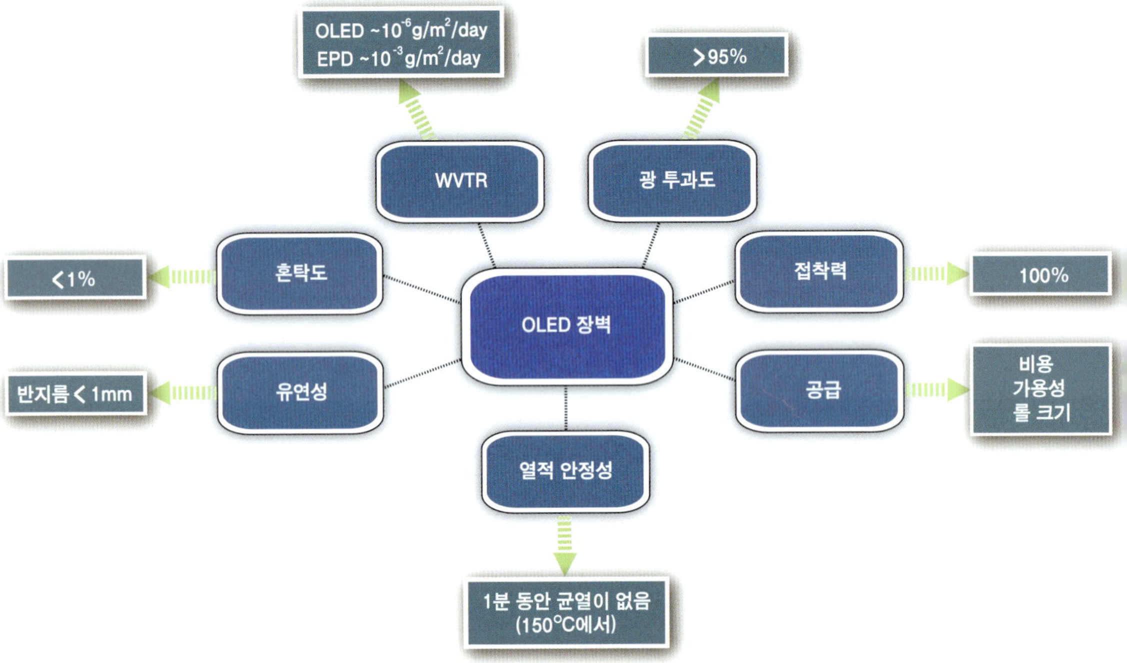

OLED의 특성 요소들

지금까지 전기광학적인 특성, 효율, 수명에 관한 이야기를 하였습니다. 그밖에도 OLED의 특성과 관련해서는 적지 않은 내용들이 남아 있습니다. 특히, 재료에 관한 특성, 공정에서의 변수 등이 언급되지 못하였으며, 기계적인 내구성, 유연성과 관련된 부분들이 추가되어야 합니다. 각각의 소재와 박막들에 대한 유연성, 탄성도, 광 투과도, 혼탁도^{haze}, 접착력과 열적 안정성, 투산소율과 투습률 등도 주요 특성이며, 측정 방법과 함께 데이터, 특성 곡선의 의미 등을 이해할 수 있어야 하죠. 이들에 대해서는 다음에 이야기하도록 하겠습니다.

더 생각해보기

- OLED가 디스플레이로서 잘 적용되기 위해서는 이 외에도 어떤 특성과 성능들이 측정, 평가되어야 할까?
- 디스플레이의 고유 특징(크기, 모양, 응용도 등)들에 따라 측정, 평가되어야 할 인자들은 어떻게 매칭이 될까?

동문서답

"어떤 과학자가 될까요?"

아이들이 눈을 / 동그랗게 뜨고 물을 때, 나는
조국과 민족을 위해 / 위대한 과학자가 되라고
답을 하지는 않지

작은 일도 즐겁게 하라고 / 떨어지는 낙엽
길을 잃은 강아지를 / 살펴볼 줄 아는 과학자가 되라고
대답을 하지

"어떤 분야를 할까요?"

아이들이 눈을 / 더 동그랗게 뜨고 물을 때, 나는
돈과 명예를 위해 / 전망이 밝은 일을 하라고
답을 하지는 않지

좋아하는 일을 하라고 / 좋으면 열심히 하게 되고
열심히 하면 잘하게 되니 / 돈과 명예는 절로 따라온다고
대답을 하지

"어떻게 살아갈까요?"

아이들이 눈을 / 아주 동그랗게 뜨고 물을 때, 나는
건강과 행복을 위해 / 최선을 다해 살아가라고
답을 하지는 않지

살아가면서 자신을 놓지 말라고 / 어린 날의 순수함
젊은 날의 정의로움을 / 꼭 붙들고 가라고
대답을 하지

백플레인

디스플레이의 백플레인backplane은 용어 그대로 화면의 뒤쪽에 위치하여서 각각의 화소들을 선택하고, 선택된 화소에 신호를 인가하는 얇은 판입니다. 능동 구동형 디스플레이라면 LCD와 OLED 모두에 사용이 되죠. 물론, LCD는 전압 구동, OLED는 전류 구동이므로 백플레인에 설치되는 소자들, 즉 박막 트랜지스터TFT와 저장 커패시터SC의 특성과 성능 규격은 상이합니다. 하지만 기본적으로 화소 간 간섭 방지를 위한 스위칭 기능과 선택된 화소에 전압 혹은 전류 데이터를 인가한다는 점에서는 일맥상통합니다.

LCD는 전압 구동 방식이므로 주로 비정질 실리콘 TFT(a-Si TFT)와 저온 다결정 실리콘 TFT(LTPS-TFT)를 적용하였고, OLED는 전류 구동 방식으로 상대적으로 이동도가 높은 LTPS-TFT나 산화물 TFT(oxide-TFT)를 쓰고 있습니다. 다만, 화소 크기가 작아지면서 개구율 유지를 위해 a-Si TFT보다는 LTPS-TFT와 산화물-TFT가 흐름을 주도해 가고 있는 상황입니다. 즉, 하부 발광bottom emission에서는 개

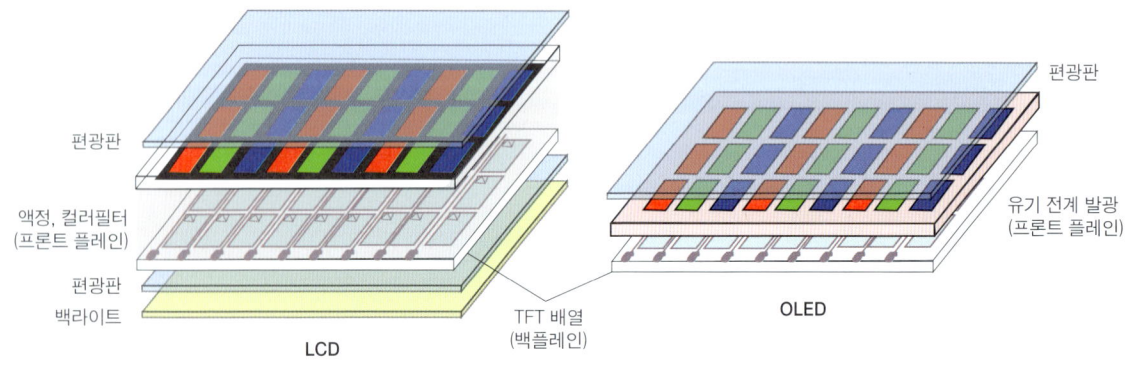

디스플레이 백플레인

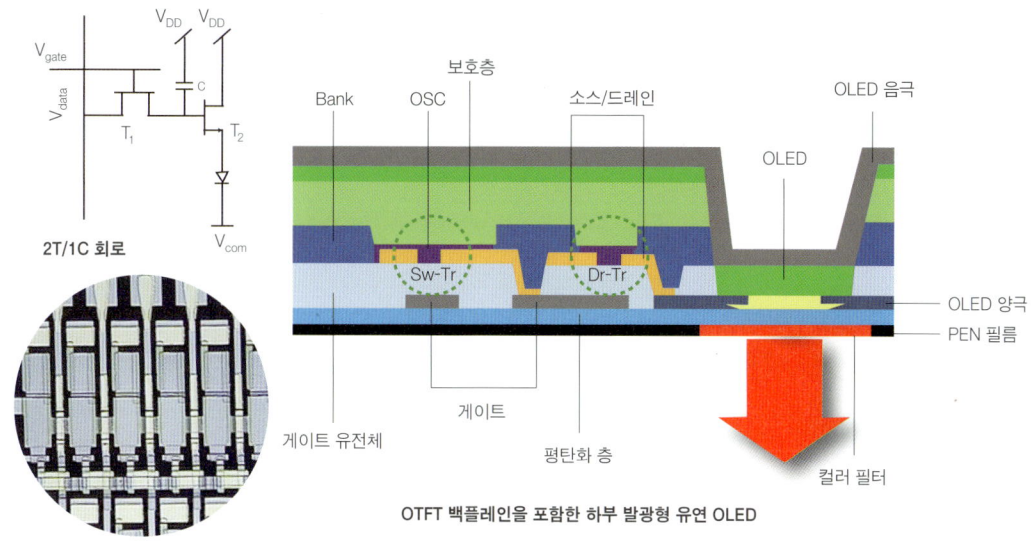

OTFT 백플레인을 포함한 하부 발광형 유연 OLED

OLED 백플레인, 2T1C

구율 유지를 위해서, 그리고 상부 발광(top emission)에서는 개구율보다는 전압이나 전류 스트레스에 대해 신뢰성이 더 우수한 LTPS-TFT, 산화물-TFT가 주도적이죠. 특히 대면적 또는 유연 OLED의 경우, 공정이 단순하여 가격 경쟁력이 있고, 또한 휨에 대해 어느 정도 적응력이 있는 산화물-TFT가 강세를 보일 것으로 생각됩니다. 이에 더하여 유연성을 향상시키는 데 도움이 되는 유기 TFT(organic TFT)가 개발되고는 있지만, 낮은 이동도를 비롯한 소자 성능에서의 한계, 신뢰성과 안정성 문제가 충분히 해결되지 못하고 있습니다.

 더 생각해보기

- 디스플레이에서 백플레인의 의미와 역할은 무엇일까?
- OLED의 백플레인은 어떻게 구성되어 있으며, 어떻게 발전해 나갈까? 성능과 모양, 폼팩터를 중심으로 예상해 보자.

화소 회로

능동 구동형 디스플레이에서는 각 부화소별로 TFT와 커패시터가 설치되어서 TFT는 화소 간 상호 간섭 방지를 위한 스위치 역할을, 커패시터는 한 프레임 동안 신호를 인가하기 위한 전원 역할을 합니다. LCD의 경우에는 스위치 역할만 하는 1개의 TFT와 커패시터로 능동 구동이 가능하였지만, OLED는 전류 구동형이므로 화소 선택을 위한 스위칭 TFT와 전류 조절을 위한 구동 TFT의 2개의 TFT가 기본이 되죠. 즉, 기본적으로 OLED의 화소 내에 있는 세 개의 부화소들 각각에는 최소 두 개의 TFT와 한 개의 커패시터storage capacitor, SC가 필수적으로 필요합니다. 따라서 OLED의 화소 수보다 최소 6배 이상으로 많은 TFT들이 백플레인 위에 만들어지고 있습니다. 물론 전류 안정화, 배선 길이에 따른 전압 강하 보상 등을 위하여 TFT들의 개수는 추가됩니다. OLED의 화소 회로를 설명함에 있어 지금부터는 LTPS-TFT를 대상으로 합니다.

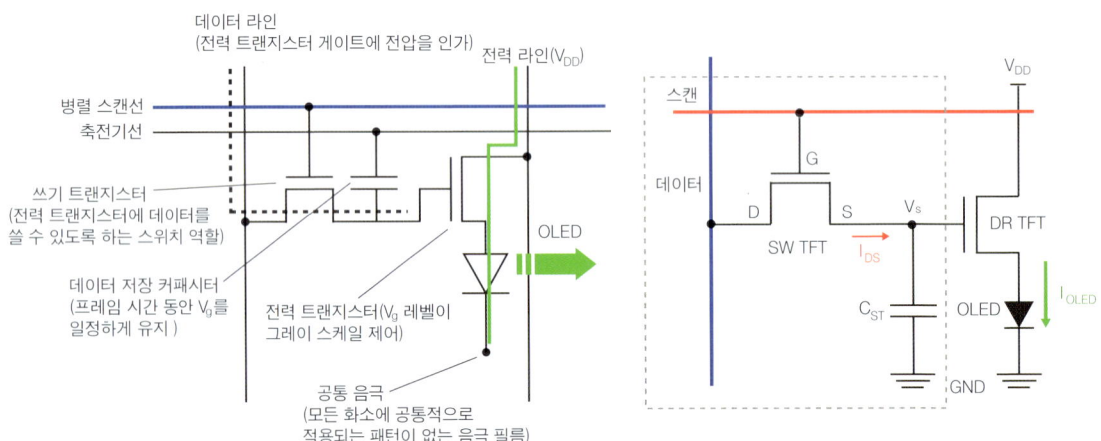

화소 회로, 2T+1C 회로

외부 보상 방법 및 단순화된 화소 회로

정상 화소 회로

IR 전압 강하 보상 화소 회로

화소 구동 파형

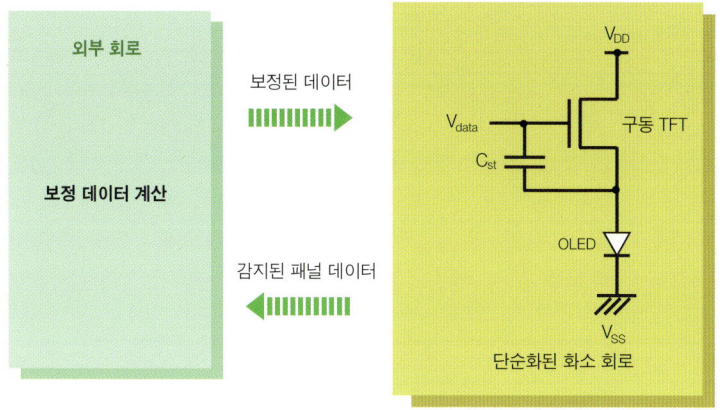

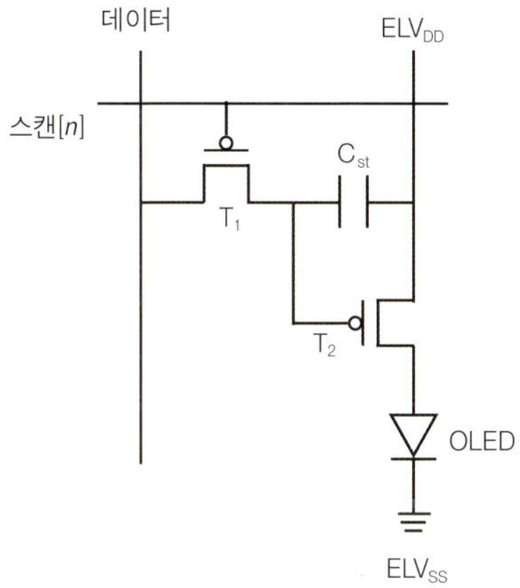

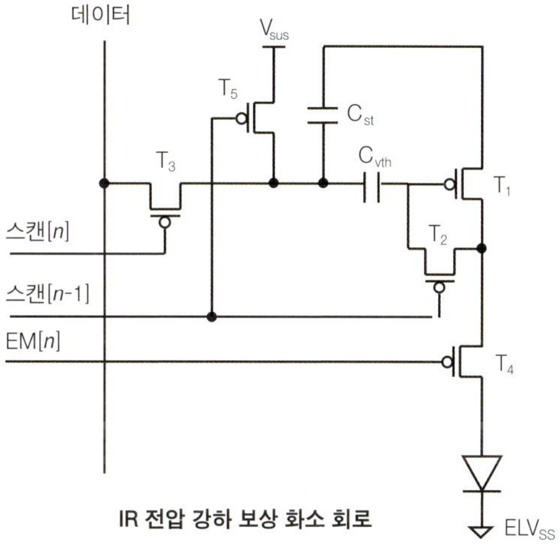

OLED 화소 회로, 보상(1)

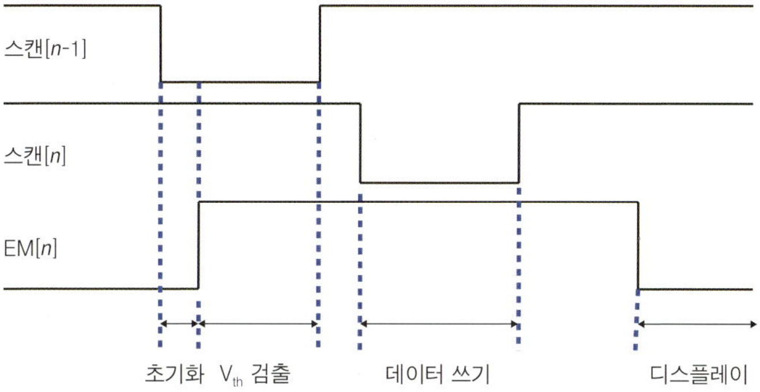

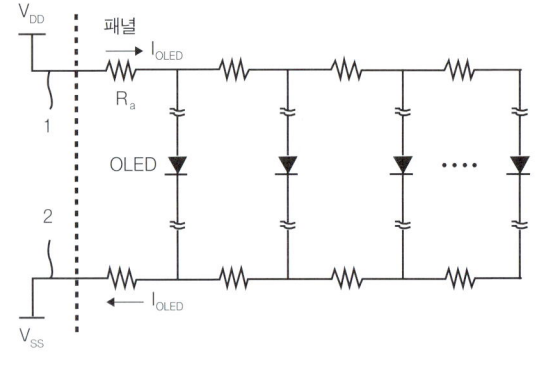

패널의 균일성을 향상시키기 위해 5-TFT와 2-커패시터로 구성된 임계 전압(V_{th})과 전력선(ELV_{DD}) IR 전압 강하 보상 화소 회로를 개발했다. 구동 기간은 초기화 기간, V_{th} 검출 기간, 쓰기 기간, 디스플레이 기간의 네 가지 기간으로 구분된다. (105쪽 그림 참조) 구동 TFT(T_1)의 V_{th} 변화를 보상하기 위해 T_1의 V_{th}는 CV_{th}에 저장된다. 여기서 CV_{th}의 다른 노드는 V_{sus}에 연결되어 ELV_{DD} IR 전압 강하를 보상한다. 결국, 디스플레이 기간에서는 다음 식과 같이 OLED 전류가 흐른다.

$$I = \frac{\beta}{2}(V_{sus} - V_{data})^2$$

OLED 전류는 V_{th}와 ELV_{DD}의 영향을 받지 않고 V_{sus} 전압과 데이터 전압에만 의존한다. V_{sus}에는 전류 흐름이 없기 때문에 V_{th}와 ELV_{DD} IR 전압 강하를 보상할 수 있다.

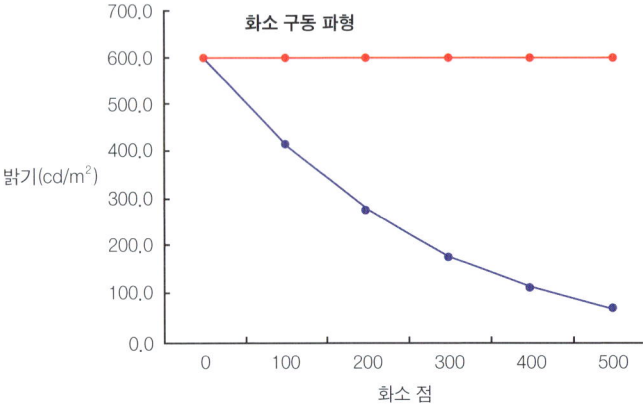

OLED 화소 회로, 보상(2)

2개의 TFT와 1개의 커패시터, 즉 2T+1C 회로의 경우, 스위칭 TFT에 스캔 전압이 인가되면 대기 중이던 데이터 전압이 스위칭 TFT를 통과하여 구동 TFT의 게이트에 걸리게 되죠. 스캔 전압이 다음 라인으로 이동하여도 충전된 커패시터에 의해 게이트 전압은 계속 인가되며, 이에 따라 구동 TFT를 통과하는 전류도 지속적으로 OLED로 흐릅니다. 다만, 스캔 전압이 커패시터 전압으로 전환되는 순간에 일부 전압 강하가 일어나며, 이러한 과도현상들은 전류에도 물론 영향을 미치게 되죠. 또한 TFT의 문턱 전압이 변하거나 OLED 소재의 열화로 OLED 전류가 감소할 경우에도 TFT의 출력 특성과 OLED의 전류-전압 특성이 서로 간의 영향으로 변하게 됩니다.

예를 들어 LTPS-TFT의 결정화 과정에는 주로 엑시머 레이저 어닐링[Excimer Laser Annealing, ELA]이 적용됩니다. 이 경우 TFT가 결정립계[grain boundary]에 어떻게 위치하느냐에 따라서 전기적인 특성, 특히 문턱 전압이 달라지죠. 따라서 문턱 전압의 편차를 보상하는 등의 방법을 통하여 TFT의 특성 편차를 보상

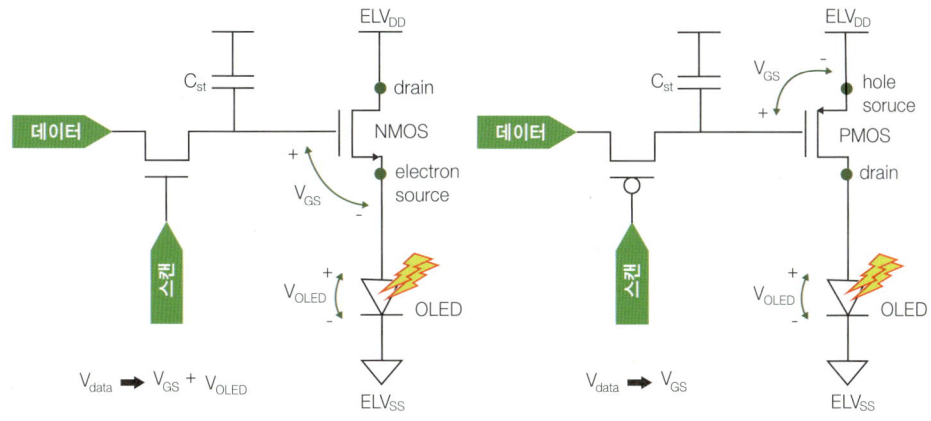

n-채널 혹은 p-채널 TFT

하여야 하며, 이는 화소 회로의 중요한 역할입니다. 이와 함께 화면이 커지고 배선 길이가 길어지면서 배선을 따라 흐르는 전류(I) 그리고 저항(R) 성분으로 인한 IR 전압 강하의 보상도 역시 필요하게 되죠. 문턱 전압의 변화나 OLED의 열화에 무관하게 OLED에서는 항상 원하는 밝기와 색의 빛이 얻어지려면 화소 회로는 물론이고 패널 외부의 회로에서도 다양한 보상회로들이 필요하게 됩니다.

먼저, TFT는 주로 n-채널보다는 p-채널 TFT를 사용합니다. n-채널 TFT를 사용할 경우, 정공 대비 빠른 전자이동도로 인해 스위칭 속도가 빠르다는 장점도 있지만 데이터 전압(V_{DATA})이 구동 TFT의 게이트-소스 간의 전압(V_{GS})과 OLED 양극과 음극 간의 전압(V_{OLED})으로 나뉘어서 걸리게 되죠. 이 경우 OLED의 동작 시간이 경과하면서 OLED 전류(I_{OLED})가 감소하게 되어 TFT의 V_{GS}도 감소합니다. 따라서 V_{OLED}도 영향을 받고, 이로 인하여 I_{OLED}가 계속 영향을 받아 잔상 image sticking 등의 문제가 발생할 우려가 있습니다. 반면에 p-채널 TFT를 사용할 경우 V_{DATA}가 V_{GS}에만 고스란히 전달됩니다. 따라서 OLED의 전류-전압 특성이 변하더라도 전류는 V_{GS}에 의해 결정되므로 I_{OLED}는 일정하게 유지됩니다.

더 생각해보기

- OLED (부)화소의 회로는 기본적으로 어떻게 구성이 되며 어떤 역할을 할까?
- (부)화소의 TFT 수가 기본 두 개에서 자꾸 늘어가는 이유는 무엇일까?
- 몇몇 화소 회로의 일례를 들고 작동 방식을 이해해 보자.

수식으로 원리를 잡다!

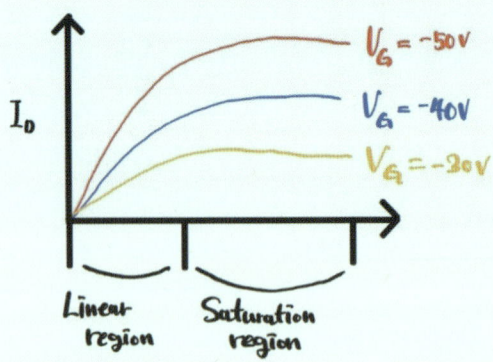

TFT 동작 특성, I-V curve

- Linear 구역의 조건
  $$V_G > V_{TH},\quad V_D \ll V_G - V_{TH}$$

- Saturation 구역의 조건
  $$V_G > V_{TH},\quad V_D > V_G - V_{TH}$$

이러한 동작 영역에 따라 I_D 수식도 달라짐!

- Linear 영역에서
  $$I_{D,Lin} = \frac{W\mu C_i}{L}\left(V_G - V_{TH} - \frac{V_D}{2}\right)V_D$$

- Saturation 영역에서
  $$I_{D,Sat} = \frac{W\mu C_i}{2L}(V_G - V_{TH})^2$$

Q. 다음 조건에서 Drain current를 구하시오
$$V_G = 2V,\ V_{TH} = 0.5V,\ V_D = 3V$$
$$W = 5\mu m,\ L = 0.4\mu m,\ \mu\cdot C_i = 400\,mA/V^2$$

$V_G > V_{TH},\ V_D > V_G - V_{TH}$: Saturation!

$$I_D = \frac{1}{2}\cdot\frac{5}{0.4}\cdot 400\cdot(2-0.5)^2 = 5.625\,A$$

$$\therefore 5.625\,A$$

TFT

TFT는 반도체 결정을 형성할 수 없는 유리 기판 등과 비교적 낮은 온도에서 형성되는 실리콘 박막 위에 만들어지는 박막 트랜지스터 Thin Film Transistor 입니다. LCD에서는 단순한 스위칭 소자이지만 OLED에서는 스위칭 기능에 더하여 전류를 조절하고 공급하는 기능도 하고 있습니다. 그렇기에 OLED에서는 최소 2개 이상의 TFT가 필요하죠. TFT의 역할은 마치 물을 보내 주는 수도꼭지처럼 화소로 흐르는 전류의 양을 조절하여 화소의 밝기를 조절하죠. 따라서 각각의 부화소들에 만들어집니다. 전하(전자 혹은 정공)는 반도체층을 통하여 소스에서 드레인 쪽으로 흐르게 되고, 드레인 전극은 화소를 구동하는 투명 전극 등과 연결되어 있습니다. 이때 소스에서 드레인으로 흐르는 전하의 양은 게이트에 걸리는 전압이 조절합니다.

TFT에 사용되는 반도체층은 주로 실리콘이며, 결정도에 따라 비정질 실리콘 amorphous silicon, a-Si과 다결정 실리콘 polycrystalline silicon, poly-Si으로 구분되며, 다결정 실리콘은 결정화 공정 온도에 따라 고온과 저

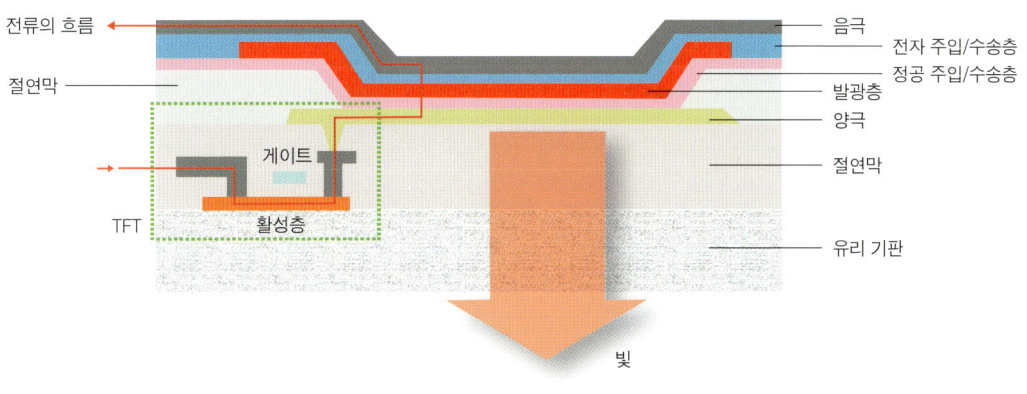

TFT의 역할

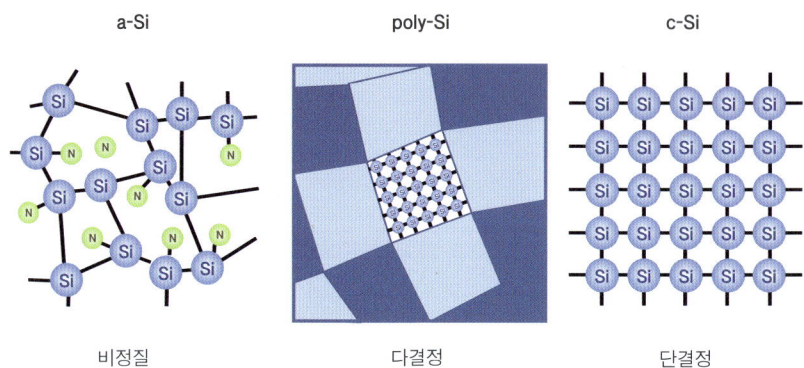

	a-Si:H TFT	LTPS TFT	Oxide TFT
이동도(cm^2/Vs)	~1	~100	~30
균일성	좋음	나쁨	좋음
안정성	나쁨	매우 좋음	좋음
빛 안정성	나쁨	좋음	a-Si보다 좋음
TFT 종류	NMOS(LCD)	NMOS(LCD), PMOS(OLED)	NMOS(LCD, OLED)
TFT 마스크 절차 수	4~5	5~11	4~5
공정 온도	150~350℃	350~450℃	150~400℃
원가/수익률	낮음/높음	높음/낮음	낮음/높음
가능한 디스플레이 모드	LCD, e-paper	고해상도 LCD, OLED	LCD, OLED, e-paper
확장성	10세대	5.5세대	10세대
이점	높은 균일성	높은 안정성	낮은 off 전류, hot carrier 효과가 나타나지 않음

TFT 종류와 특징

온으로 구분되죠. 주로 유리 기판의 변형 온도 이하인 400~450도 범위에서 결정화되는 저온 다결정 실리콘Low Temperature Polycrystalline Silicon, LTPS이 사용됩니다. 비정질 실리콘과 저온 다결정 실리콘으로 만들어지는 TFT들은 각각 a-Si TFT와 LTPS TFT로 불리죠. a-Si와 LTPS는 각각 비정질과 다결정으로 전자

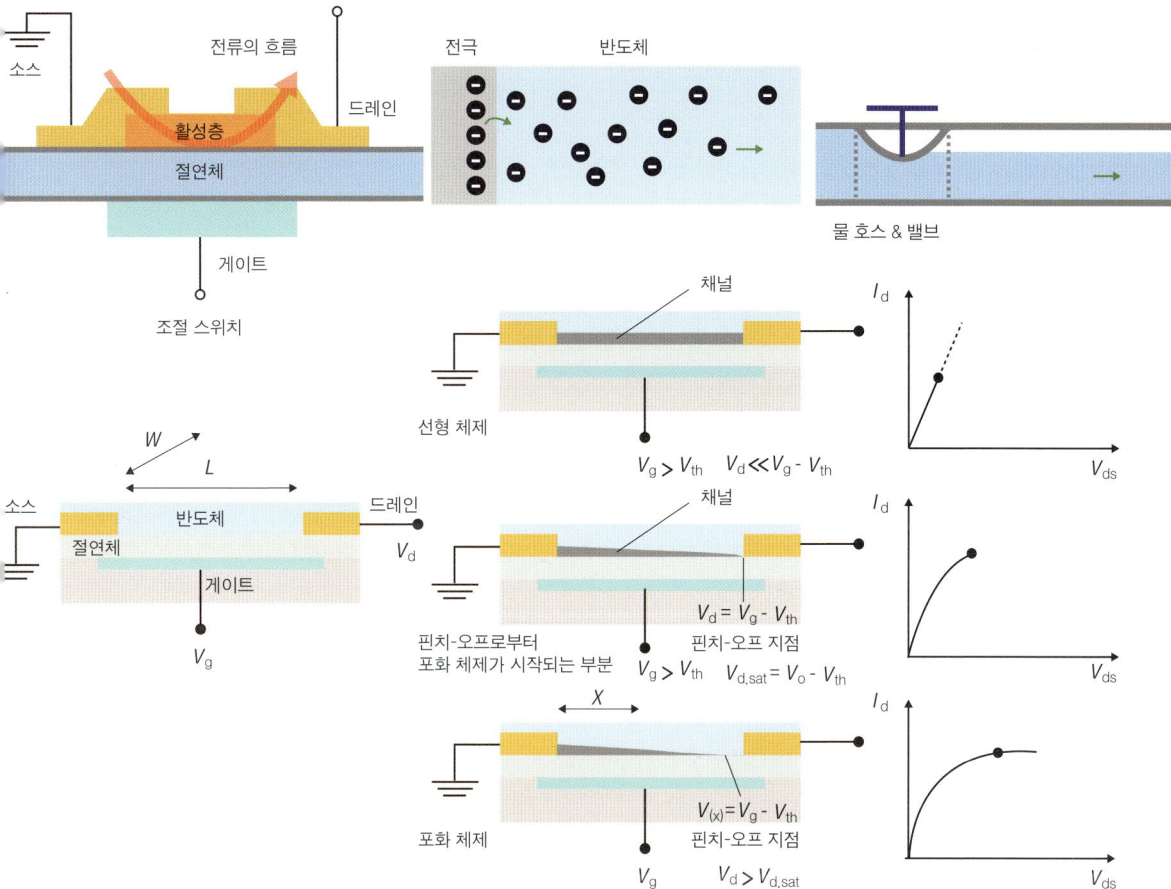

TFT 동작 파라미터

- Turn-on 전압: 드레인에 전류를 흐를 수 있도록 하는 게이트 전압
- On-Off 전류비: TFT 작동의 포화 영역에서 드레인 전류의 최댓값과 최솟값의 차이
- Sub-Threshold Voltage Swing: 드레인 전류를 10배 증가시키기 위한 필요 전압에 대한 기울기
- 채널 이동도: 전류 구동 및 주파수 응답에 따른 전자의 이동도

TFT의 동작 특성

이동도에서 큰 차이가 있습니다. 일반적으로 a-Si에 비하여 LTPS는 전자이동도가 수십 배 이상 커서 흐를 수 있는 전류의 크기와 동작 속도 등에서 많이 유리하죠. 따라서 현재 모바일 기기용 디스플레이에는 대부분 LTPS TFT가 사용되고 있습니다.

금속 산화물 TFT$^{\text{metal oxide TFT}}$가 특히 중·대형 디스플레이에서 영역을 확장하고 있는데, 이는 레이

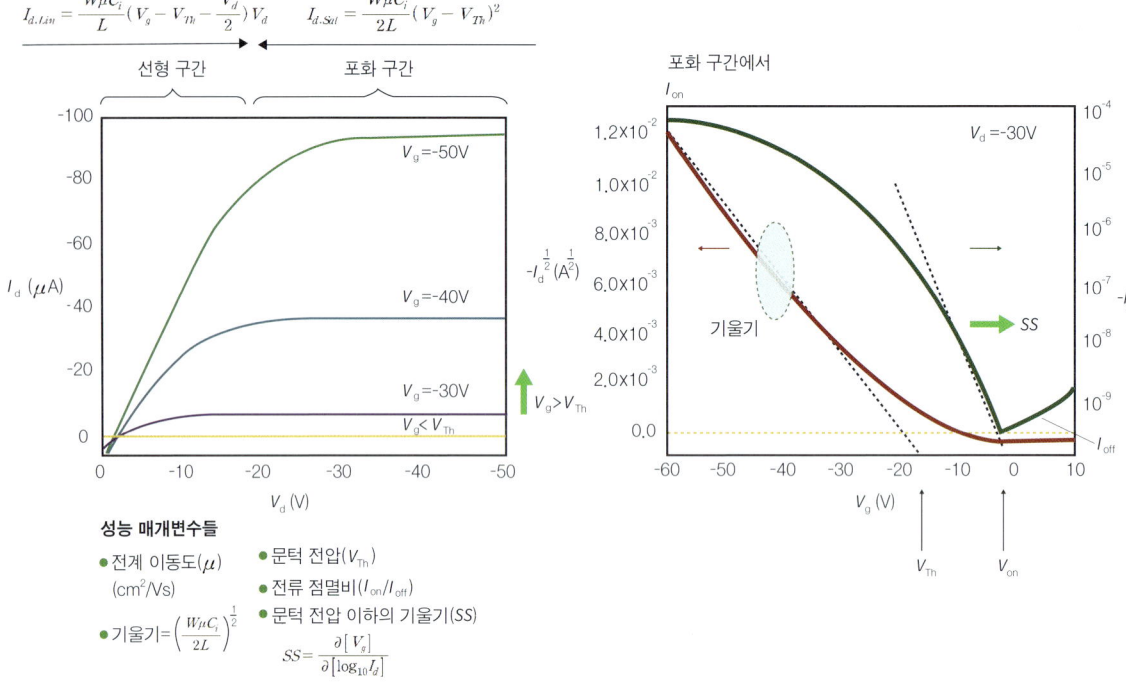

TFT 동작 특성, 성능 지수

저 결정화 공정이 필요한 LTPS TFT에 비하여 제조 공정이 간단하고 단순하며 대면적 공정에 용이하여 가격 부담이 줄어들고, 전자이동도가 LTPS에 버금가기 때문이죠. 이는 안정된 실리콘이 아닌 금속 산화물, 주로 인듐-갈륨-아연-산소로 이루어진 IGZO 물질을 사용하므로 전하의 이동 메커니즘이 다르고 안정성 면에서 아직 개선될 여지가 남아 있습니다. 또한 휨과 같은 변형에 적응력도 있으며, 특히 대면적 공정과 가격 경쟁력에서 강점이 있어 점점 확대 적용될 것으로 보고 있습니다.

  TFT의 전기적인 특성과 성능 지수는 다음과 같은 인자들로 평가됩니다. 먼저, 출력 특성은 게이트 전압을 매개변수로 하며 독립변수인 드레인 전압과 종속변수인 드레인 전류의 관계를 나타냅니다. 출력 곡선output curve은 전형적으로 선형 영역과 포화 영역으로 나타나며 게이트 전압의 변화에 따른 드레인 전류의 최댓값을 얻을 수 있죠. 그리고 전달 특성은 독립변수인 게이트 전압의 변화에 따른 종속변수인 드레인 전류의 변화로 얻어지며, 드레인 전압은 고정합니다. 전달 곡선transfer curve으로부터 전계 이동도field effect mobility, 문턱 전압threshold voltage, 전류 점멸 비on/off current ratio 그리고 문턱 전압 이하기울기sub-threshold slope 등의 값을 도출할 수 있습니다.

앞으로의 OLED용 TFT의 발전 과정을 보면 중소형은 LTPS-TFT가, 대형은 oxide-TFT가 주류가 될 것으로 전망됩니다. 이에 더하여 향후 유연성, 즉 휨과 접음 동작에 부합될 수 있는 유기 TFTorganic-TFT가 잠재적으로 자리하고 있습니다. 유기 TFT의 경우, 특히 낮은 이동도가 장애물인데 현재까지의 연구 개발로 $10cm^2/Vs$ 이상의 이동도를 보이는 소자들이 보고되고 있어 상용화 가능성을 유지하고 있죠. 더불어 그래핀 모양을 가지는 2차원 물질들을 이용한 TFT들도 보고가 되고 있지만, 현재는 연구 수준에 머무르고 있습니다. 이제 비정질 및 다결정 실리콘 그리고 산화물을 적용한 TFT들에 대하여 설명을 이어가 보죠.

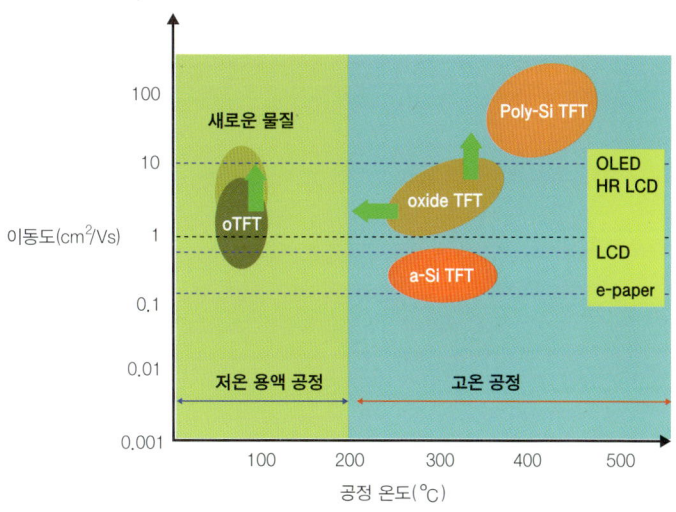

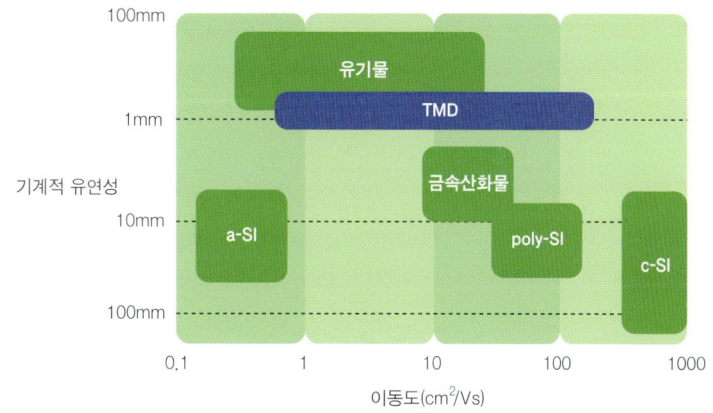

TFT 특징과 전망

더 생각해보기

- LCD에서 TFT는 단순 스위치였는데, OLED의 TFT들은 스위칭 기능에 더하여 어떤 역할들을 더할까?
- (부)화소에 위치한 TFT가 갖추어야 할 기본 요건, 성능은 어떻게 될까?
- 앞으로 개발될 OLED의 특징과 성능에 따라 TFT의 요건, 성능은 어떻게 변화하여 갈까? 그 방법론은 무엇일까?

a-Si TFT

비정질 실리콘amorphous silicon, a-Si은 단결정처럼 원자들이 규칙적으로 정렬되지 않고 불규칙하게 제멋대로 위치한 경우입니다. 따라서 Si 원자들 간에 결합이 연결되지 않은 불포화 결합dangling bond이 많이 생겨나서 결함들로 존재합니다. 가전자대와 전도대 사이의 밴드 갭 내에 결함 준위들이 다량 발생

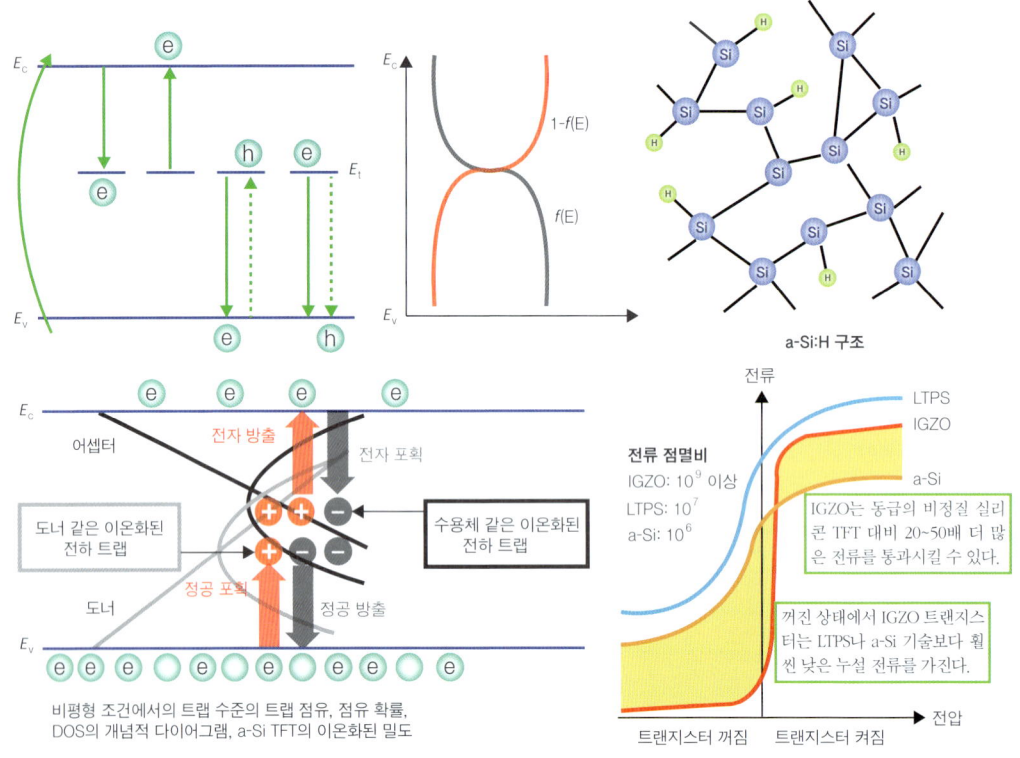

비정질 실리콘과 TFT

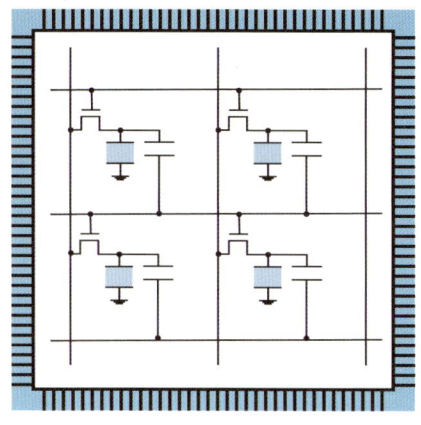
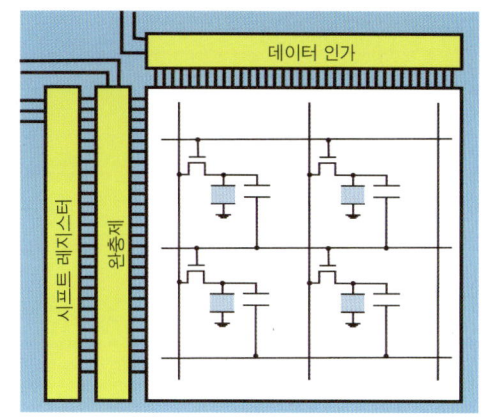

비정질 실리콘	다결정 실리콘

- 낮은 TFT 이동성(<1cm^2/Vs)
  → LSI 운반자 분리가 필요함
- 낮은 온도(<350℃) 공정
  → 유리 기판

- 높아진 TFT 이동성(μ_n, μ_p>30cm^2/Vs) → 더 작은 픽셀 TFT(높은 개구율)
  → 운반자 회로의 집적화
- 적은 외부 연결 → 신뢰성 향상
- 시스템 비용 감소
- 높은 온도(>450℃) 공정 → 유리나 석영 기판의 높은 변형점

비정질 실리콘 TFT의 한계

하게 되죠. 이로 인하여 전자들의 빈번한 충돌은 물론이고, 전자와 정공의 생성과 결합 과정이 무작위로 발생하게 되어서 결국은 전하 운반자(전자 혹은 정공)의 이동도가 감소하고, 반도체 소자에서 원치 않은 누설 전류가 증가하는 등의 문제가 커집니다.

물론 수소화 과정을 통하여 불완전 결합에 수소를 연결해 결함을 줄이고 이동도를 향상할 수 있지만, 디스플레이 구동용 TFT 채널 층으로 이용하기에는 고해상도의 LCD에서의 개구율 극복, OLED에서의 전류 구동 능력에서의 한계로 인해 많이 부족한 실정이죠. 따라서 고해상도와 대면적 그리고 전류 구동용 구동 TFT 소자로서의 자리는 LTPS-TFT나 산화물 TFT로 넘기고, 비교적 낮은 가격의 중·저성능용 중소형 LCD에 주로 사용되고 있습니다.

더 생각해보기

- 비정질 실리콘 TFT의 최초 응용은 디스플레이가 아니었다. 어떤 소자나 장치에서 응용이 되었을까?
- 전하이동도와 화소 개구율 등에서 비정질 실리콘이 한계에 부딪친 요즘이다. 비정질 실리콘의 운명은 어떻게 될까?

LTPS-TFT

비정질 실리콘 증착 후에 레이저 등을 이용한 열처리 기술로 열처리를 하면 결정화가 진행됩니다. 단결정들이 생기기 시작하고 크기가 증가하면서 작은 단결정들로 이루어진 다결정을 형성하게 되죠. TFT에서 전하 운반자들이 소스에서 드레인 쪽을 향하여 채널 층을 이동할 때 작은 단결정들, 즉 결정립grain들이 클수록 계면에서의 충돌scattering이 줄어들어 높은 이동도를 가지게 됩니다. 물론 결정화 온도가 높고 시간을 길게 할수록 단결정들의 크기는 증가하나, 기판이 받게 되는 열적인 부담과 생산성 등도 함께 고려하여야 합니다. 비정질 실리콘에 비해 특히 마이크로 디스플레이에 적용하기 위하여

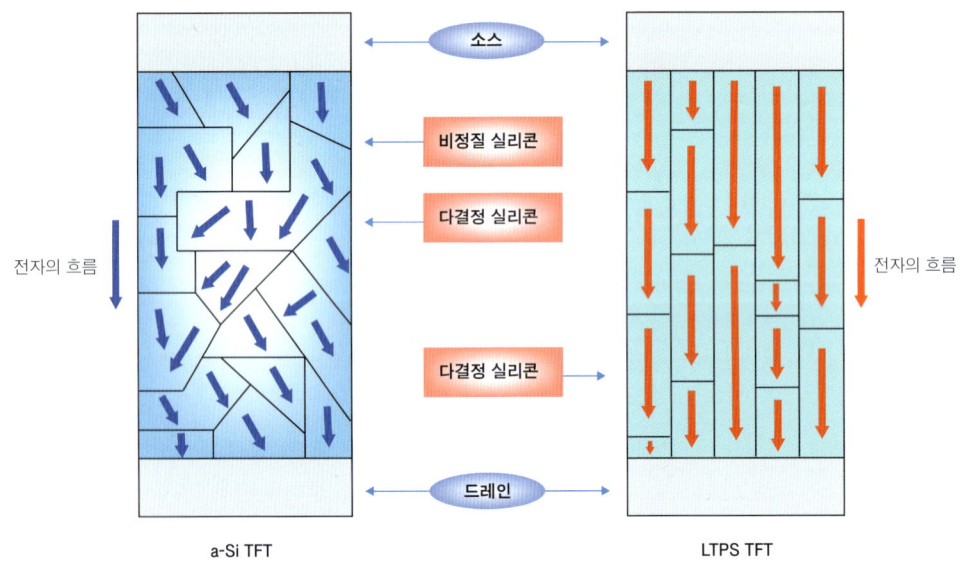

비정질과 다결정 실리콘 전자 흐름

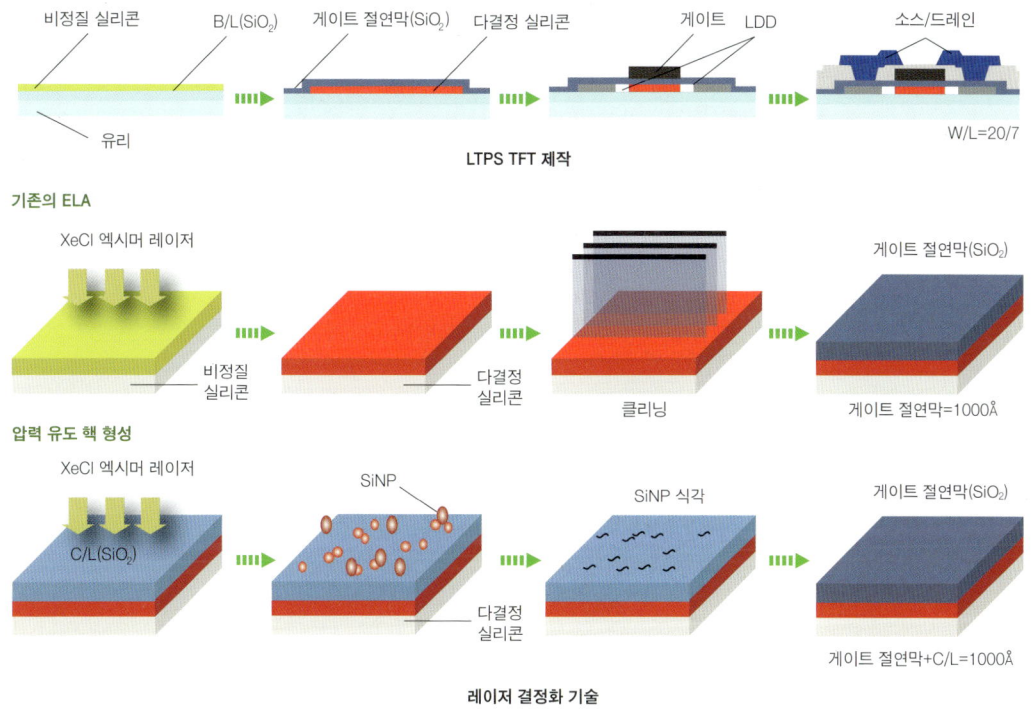

저온 다결정 실리콘 TFT 제조 공정

단결정들의 크기를 키우려면 유리 기판보다는 열처리 온도를 높일 수 있는 석영 기판을 이용하기도 하죠. 범용성이 있는 일반 디스플레이용으로는 다결정 실리콘을 채널 층으로 하는 저온 다결정 박막 트랜지스터Low-Temperature Polycrystalline Silicon TFT, LTPS-TFT가 폭넓게 적용되고 있습니다.

LTPS-TFT의 제조 공정은 기본적으로 a-Si TFT와 유사합니다. 다만 비정질 실리콘 증착 후, 유리 기판이 손상을 받지 않는 정도에서 열처리하여 다결정을 형성시키는 결정화 과정이 추가됩니다. 일반적으로는 유리 기판 세정, 버퍼층 형성, 비정질 실리콘 증착, 다결정 실리콘 결정화, 채널 층 패터닝, 게이트 절연막 및 전극 증착, 이온 도핑, 컨택 홀, 소스 및 드레인 전극 형성 과정으로 진행이 되죠. 특히 결정화 공정은 실로 다양하며, 레이저를 이용하는 방식과 이용하지 않는 방식으로 크게 분류가 됩니다.

비정질 실리콘으로부터 다결정 실리콘을 얻는 결정화 기술은 1990년대 초반에 본격적으로 시작되었습니다. 레이저를 이용한 방식으로는 비정질 실리콘을 순간적으로 액화시키는 과정을 통해 다결정을 만드는 엑시머 레이저를 이용한 열처리Excimer Laser Annealing, ELA와 순차적 측면 고상화Sequential Lateral

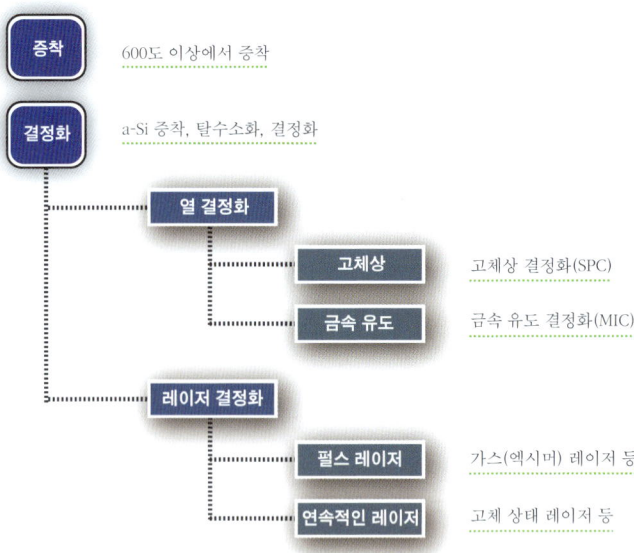

다결정 실리콘 형성

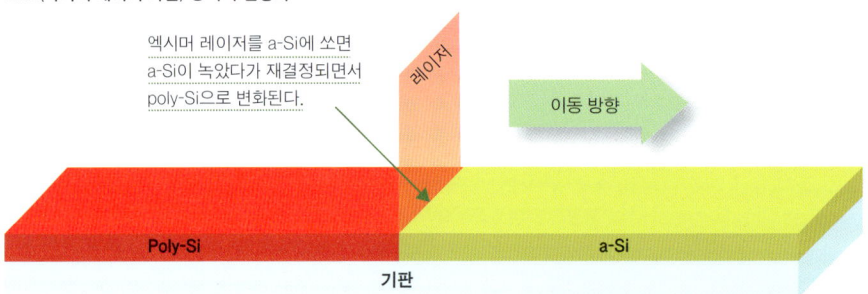

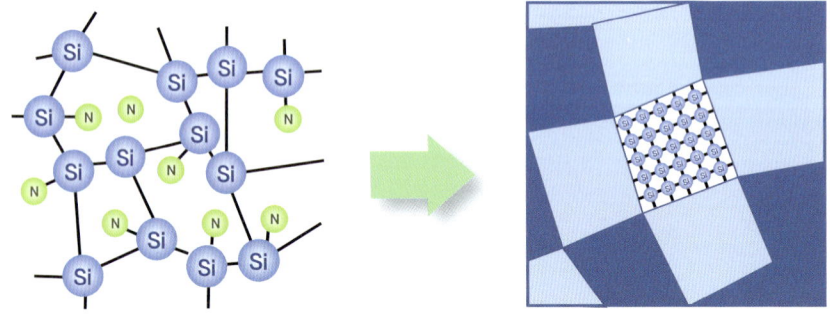

실리콘의 결정화 기술

	LTPS		Oxide
	ELA	ASPC	
성능	좋음	좋음	보통
확장성	~8세대	~8세대	>8세대
기술 완성도	높음	높음	보통
장점	우월한 기기 성능: 이동성, 안정성 생산 라인에서 입증된 기술	우월한 균일성 좋은 안정성	8세대를 넘은 확장성 좋은 균일성
문제점	레이저에 따른 얼룩	유리 휨/수축 확장성	이동성, 안정성 성능을 향상시켜야 함
현황	양산 중	양산 중	개발 중

TFT 기술의 진화

Solidification, SLS가 대표적입니다. 그리고 레이저를 사용하지 않고 고체 상태를 유지하면서 열처리와 자기력을 이용하여 결정화하는 고상결정화Solid-Phase Crystallization, SPC와 촉매를 활용하는 금속 유도 측면 결정화Metal Induced Lateral Crystallization, MILC 등이 있습니다. 하지만 ELA와 비교할 때 전기적 특성이 안정적이지 못하고 누설 전류가 큰 문제로 남아 있습니다. 이러한 열처리 온도는 유리 기판에 따라 450~600도 정도에서 조절하죠. 열처리 온도와 함께 품질의 우수성, 생산성 등을 개선하기 위해 다양한 시행착오를 거쳤으며, 현재에는 ELA 방법이 주류를 이루고 있습니다.

그리고 다결정 실리콘 TFT 대비 누설 전류의 획기적인 감소, 대면적화에 따른 공정 시간과 생산성 향상, 제조 비용 절감 등에서 더 좋은 방법들을 모색하고 있으며, 다음으로 설명될 산화물 TFT로 그 영역을 확장하고 있습니다.

더 생각해보기

- 비정질 실리콘에 비해 다결정 실리콘의 전하이동도가 높은 점을 좀 더 이론적으로 전개해 보자.
- LTPS-TFT들의 다양한 제조 방법들을 조사해 보자.

산화물 TFT

금속산화물 반도체를 이용한 TFT, 즉 산화물 TFT의 연구는 1990년대 중반에 일본 동경공업대의 호소노 그룹이 인듐(In), 갈륨(Ga), 아연(Zn), 산소(O)로 이루어진 IGZO 박막 트랜지스터를 발표하면서 본격적으로 시작되었습니다. 20여 년이 지난 지금은 중·대형 OLED를 위주로 투명 디스플레이, 유연 디스플레이들의 백플레인으로 본격 적용되고 있습니다.

산화물 반도체는 금속 양이온과 산소 음이온 간의 이온결합으로 이루어진 화합물 반도체입니

공유결합 반도체

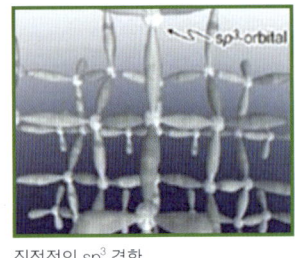
직접적인 sp^3 결합

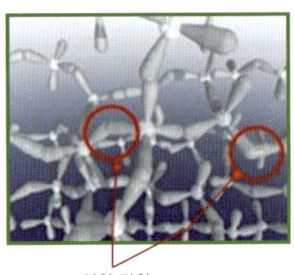
약한 결합

금속산화물 반도체

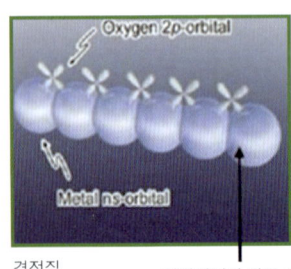
결정질  직접적이지 않은 결합

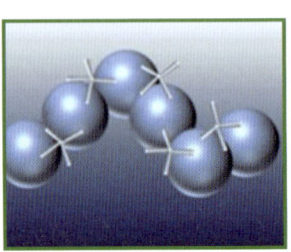
비정질

금속 산화물 반도체

a-IGZO에서 전자는 매우 대칭적인 금속이온의 오비탈을 통해 전도합니다. 높은 대칭성은 비정질상에서도 전도 경로와 캐리어 이동성을 유지할 수 있게 해 줍니다. 비정질상에서 높은 이동성을 확보하기 위해서는 금속이온 간 충분한 오비탈이 필요합니다.

- Appl. Phys. Rev. (2017)

LPTS	IGZO
전자이동도(a-Si보다 100배 정도 좋음)	전자이동도(a-Si보다 20~50배 정도 좋음)
높은 해상도와 높은 픽셀 밀집도	높은 해상도
제조 비용이 비싸고 큰 패널을 만들기 어려움	기판 유연성(유리나 폴리머 기판) 및 제작 용이성

대형 OLED TV에 산화물 TFT를 쓰는 이유
첫째, 산화물 TFT는 a-Si TFT에 비해 10배가량 반응속도가 빨라 고해상도 디스플레이에 적합하다.
둘째, 빠른 반응속도로 집적화가 가능하고 얇은 베젤을 구현할 수 있다.
셋째, 고해상도와 얇은 베젤을 구현할 수 있는 LTPS에 비해 반응속도는 느리지만 공정 단계 수가 적어 더 저렴하다.
넷째, LTPS처럼 별도의 결정화 과정이 필요하지 않아 대형화를 하는 데 유리하다.

LTPS와 산화물 TFT 특징

다. 전도대의 최솟값Conduction Band Minimum, CBM은 주로 금속들의 s 오비탈, 가전자대의 최댓값Valence Band Maximum, VBM은 주로 산소의 p 오비탈들로 이루어져 있죠. 특히 큰 반경의 금속 양이온은 인접한 양이온과 궤도 겹침이 발생하며 캐리어의 효과적인 이동 경로를 제공합니다. 이에 더하여 비정질 상태가 되어 구조적 변형이나 뒤틀림이 발생하여도 캐리어의 이동은 큰 영향을 받지 않죠. 주 캐리어는 전자로서 n형이며, 산소의 결함과 도핑된 수소가 n형 캐리어 역할을 합니다. 전기적인 특성은 산소의 빈 격자점vacancy과 도핑된 수소에 크게 의존합니다. 예를 들어 대표적인 산화물 반도체인 InGaZnO의 경우, 반도체를 구성하는 금속 인듐(In), 갈륨(Ga), 아연(Zn) 중에서 산소와의 결합이 가장 약한 인듐이 산소의 빈 격자점 형성을 용이하게 하여 전기적 특성에 영향을 주죠. 이러한 빈 결함vacancy과 함께 틈새interstitial, 치환형 결함substitutional 그리고 산소의 결핍, 수소의 도핑 등이 모두 전기적인 특성을 결정합니다.

이러한 산화물 TFT는 비정질 실리콘 TFT에 비해 이동도가 열 배 이상 높고, LTPS TFT와 비교할 때 이동도는 다소 낮더라도 공정 온도가 낮고 공정이 간단하며 균일도가 높아서 대면적화에 유리한 장점이 있습니다. 특히 누설 전류 값이 낮아서 화질 향상이나 소비 전력의 절감에도 유리하죠. 또한 밴드 갭이 3.0eV 정도로 커서 가시광선의 흡수가 일어나지 않고, 강한 이온결합으로 인하여 스트레스에 적응이 가능하므로 투명 디스플레이나 유연 디스플레이를 구현할 때도 상대적으로 유리합니다. 다만 단원소 반도체와 비교할 때 동작의 안정성에 개선의 여지가 남아 있으며, 해상도와 화면 크기의 증가에 따라 이동도를 LTPS TFT 수준까지 끌어올려야 될 상황을 준비하여야 합니다.

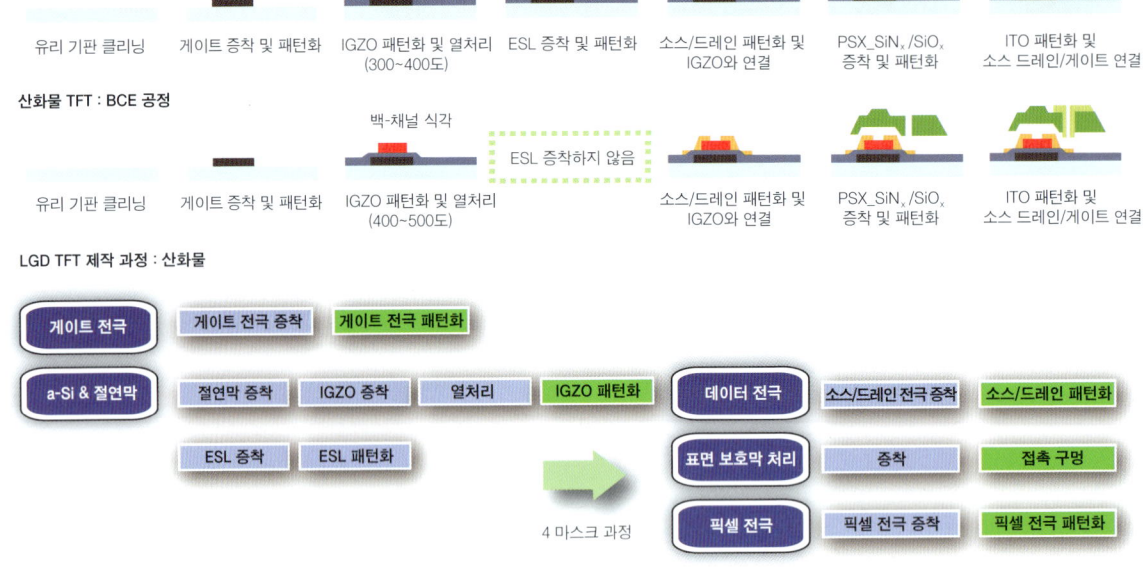

산화물 TFT 제조 공정

    산화물 TFT의 다양한 연구들은 지금도 진행 중입니다. 먼저, 조성비 변화를 통한 이동도 개선이 활발하죠. 즉, 기본적으로는 IGZO에 관한 연구가 중심이지만 일부 다른 조성비를 가지는 산화물 TFT도 연구가 진행되고 있습니다. 예를 들어 ITZO Indium Tin Zinc Oxide의 경우, 이동도가 30cm^2/Vs 정도가 얻어지는 것으로 보고된 바 있으며, In-Ga-Zn-Sn-O 조성으로 이동도와 신뢰성을 더 향상할 수 있다는 연구 결과도 발표되었습니다. 아울러 ZnON TFT는 이동도를 100cm^2/Vs까지 끌어올릴 수 있다고 보고된 바 있고, ZnO TFT로 14인치급의 AM-OLED를 구동한 예도 있죠. 이에 더하여 소자의 구조, 안정성, 특히 빛과 산소, 수분 등에 노출될 경우 특성이 저하되는 현상도 주요 이슈가 되고 있습니다.

 더 생각해보기

- 산화물 TFT의 등장 배경은 무엇일까?
- 산화물에서의 전기전도에 관하여 좀 더 깊게 이해해 보자.
- 산화물 TFT의 장점과 디스플레이 응용을 위해 해결하여야 할 단점과 약점들은 무엇인지, 해결 방법과 함께 생각해 보자.
- 산화물 TFT가 투명 디스플레이에 이용될 수 있는 이유와 실제 활용이 가능한지를 조사, 분석해 보자.

수식으로 원리를 잡다!

On/Off Current Ratio와 SS

- On current : 문턱전압 이상의 전압에서 흐르는 전류
- Off current : 문턱전압 이하의 전압에서 흐르는 전류

On/off ratio (I_{on}/I_{off}) 가 클수록, 전류의 양을 효과적으로 제어할 수 있어 성능이 우수하다.

그렇다면, TFT가 얼마나 빠르게 On/off 되는지 알아보기 위해서는?

→ SS (Subthreshold Swing)

: Subthreshold 영역에서 Drain current (I_D)를 10배 증가시키는 데 필요한 Gate voltage (V_g) 의 변화량

$$\Rightarrow SS = \frac{dV_g}{d\log_{10}(I_D)}$$

즉, 문턱 전압 밑에서 게이트 전압에 따라 얼마나 빠르게 전류가 증가하는지 나타내는 값!

→ SS 구하는 방법!

$$SS = 60 \cdot m \, [mV/dec]$$
$$= 60 \cdot \left(\frac{C_{ox}+C_s}{C_{ox}}\right) [mV/dec]$$
$$= 60 \cdot \left(1+\frac{C_s}{C_{ox}}\right) [mV/dec]$$

$$m \text{ (body coupling factor)} = \frac{C_{ox}+C_s}{C_{ox}}$$

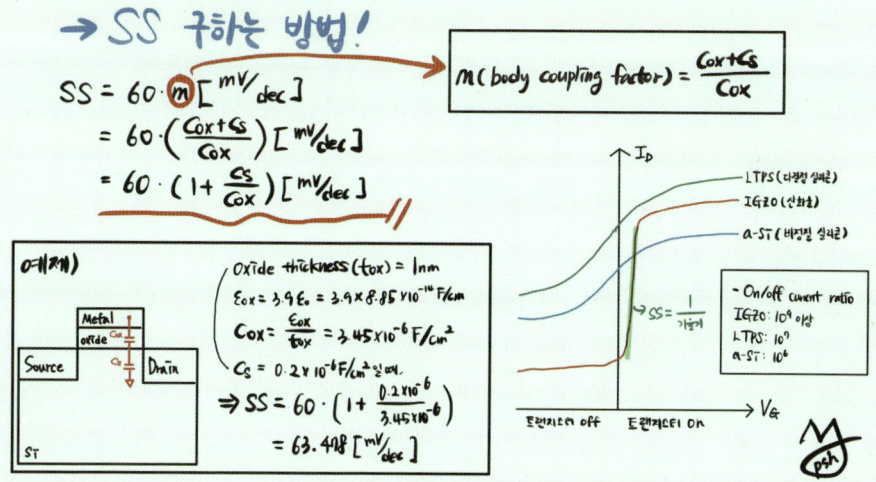

예제)

Oxide thickness (t_{ox}) = 1nm
$\varepsilon_{ox} = 3.9\varepsilon_0 = 3.9 \times 8.85 \times 10^{-14}$ F/cm
$C_{ox} = \frac{\varepsilon_{ox}}{t_{ox}} = 3.45 \times 10^{-6}$ F/cm²
$C_s = 0.2 \times 10^{-6}$ F/cm² 일 때,

$$\Rightarrow SS = 60 \cdot \left(1+\frac{0.2\times 10^{-6}}{3.45\times 10^{-6}}\right)$$
$$= 63.478 \, [mV/dec]$$

- On/off current ratio
  IGZO: 10^9 이상
  LTPS: 10^7
  a-Si: 10^6

유기 TFT

현재 제품에 적용되고 있거나 적용을 목표로 개발 중인 박막 트랜지스터[TFT]는 크게 나누어서 실리콘 기반, 산화물 기반, 유기물 기반으로 분류됩니다. 실리콘 기반 TFT는 비정질 실리콘 TFT와 다결정 실리콘 TFT로 구분되며, 다결정의 경우에는 고온과 저온으로 세분되죠. 그리고 남은 하나가 유기물 박막 트랜지스터[organic TFT]인 유기 TFT입니다. 유기물에 있어서 화학적인 방법을 통하여 전기적 특성을 조절하는 기술이 개발되면서 특히 유기반도체가 관심을 끌기 시작하였습니다. 즉, 전하의 전송과 저장이 가능하여 저장 소자와 스위치 등에 적용되었죠. 집적도나 용량, 속도 등에서는 크게 강점이 없더라도 낮은 공정 온도, 용액 공정으로 대면적 적용이 가능하다는 점, 자유로운 합성으로 다양한 소재

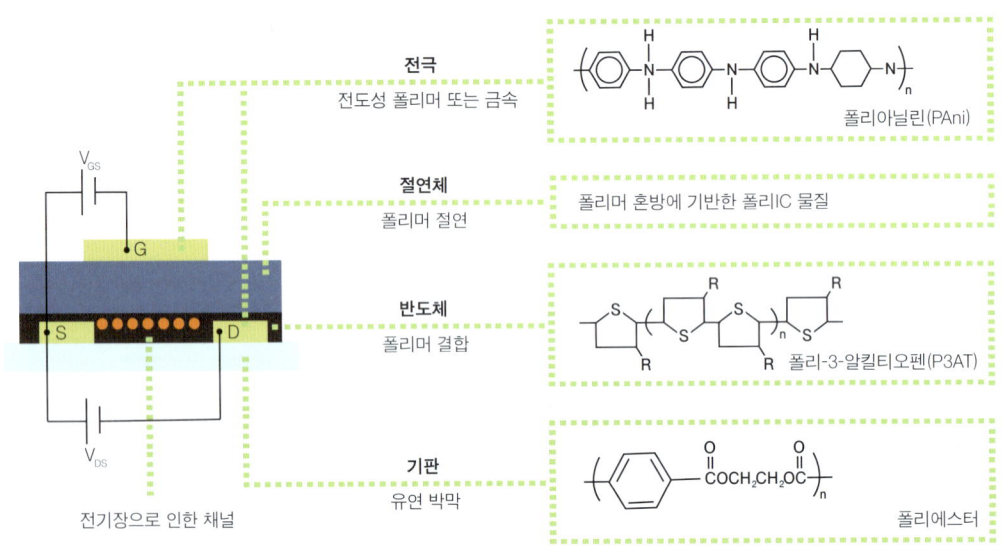

유기 박막 트랜지스터

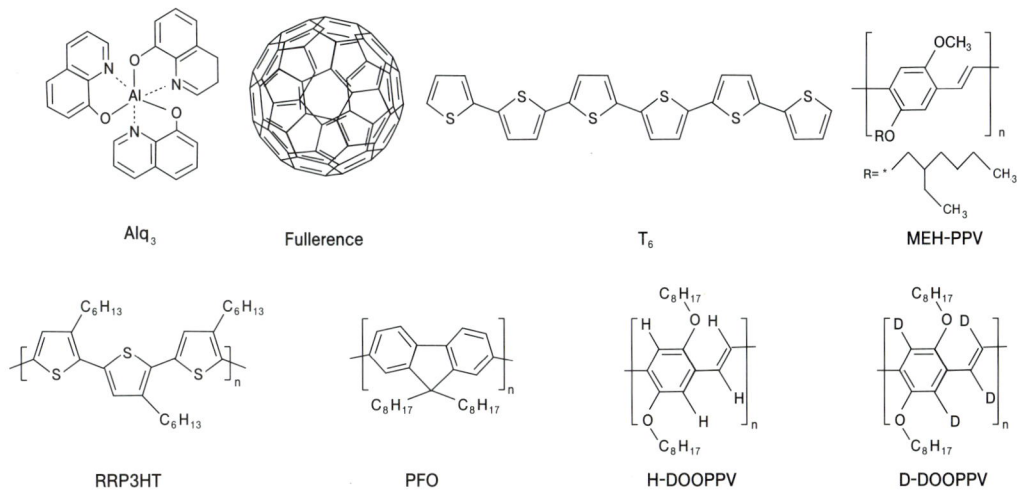

소분자 및 p-접합 폴리머를 포함한 일부 유기반도체의 화학구조

적용이 가능하다는 점, 유연성이 뛰어나다는 점 등이 저가격, 대면적, 유연 소자 등을 실현할 수 있는 후보로서 자리매김을 한 동기가 되었습니다. 이와 함께 분자 구조를 제어함으로써 다양한 광전 특성들을 얻을 수 있죠.

유기반도체 재료는 전류의 흐름에 기여하는 전하 운송자에 따라 p형과 n형으로 나뉘죠. 또한 운송자의 조합에 따라 단극성unipolar 또는 양극성ambipolar 반도체로도 분류됩니다. p형 반도체는 정공을 구동 전하로 이용하여 소스 전극에서 주입된 정공을 HOMO 준위의 분자 궤도를 통해 이동시킴으로써 전류를 흐르게 합니다. 일반적으로 유기반도체 재료의 HOMO 준위는 -4.5에서 -5.5eV 범위로 금속의 일함수와 유사합니다. 따라서 금속 전극으로부터의 전하 주입이 용이하고 안정된 전하 이동이 가능하여 p형 반도체가 더욱 활발히 연구되어 왔습니다. 대표적인 p형 유기반도체로는 펜타센pentacene, 올리고싸이오펜oligothiophene과 같은 퓨즈된 방향족화합물fused aromatic compounds 등이 있으며 진공 증착이나 용액 공정을 통해 박막이나 단결정을 형성하여 활성층으로 이용하였습니다. 초기에는 펜타센pentacene 저분자가 전기이동도 $1cm^2/Vs$ 이상의 우수한 특성으로 활발히 연구되었는데, 이는 진공 증착이 필요하므로 용액 공정이 적용될 수 없다는 한계가 있었습니다. 이후 펜타센 분자에 용해성 그룹을 부착하여 펜타센 전구체를 만들어서 용액 상태로 사용합니다. 펜타센 전구체는 상온에서 용액 상태로 막의 형성이 가능하며, 열처리를 통하여 용해성 그룹이 제거되면서 결정이 만들어지죠. 여기에 금속 성분을 함유하면 $1cm^2/Vs$ 이상의 이동도를 얻을 수 있습니다. 고분자 반도체의 경우, 저분자

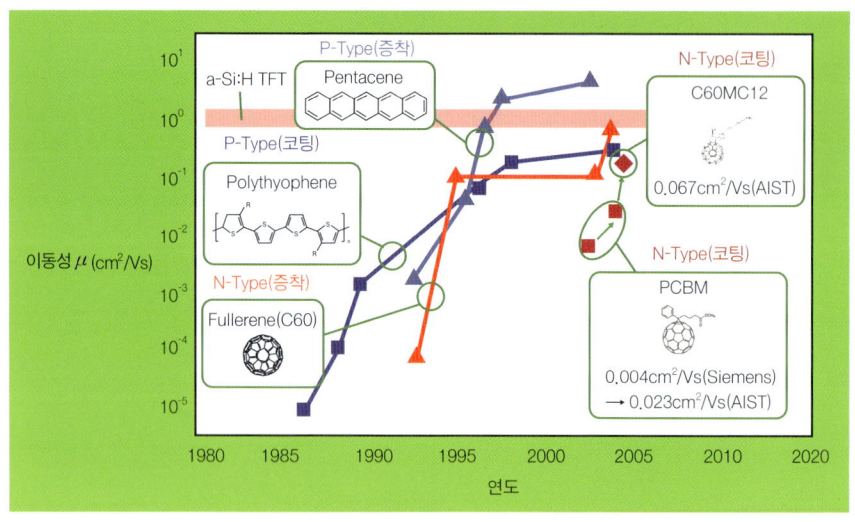

유기반도체에서 이동성의 증가

에 비해 결정성이 비교적 낮지만 용액 공정을 기반으로 한 특징들을 지니고 있죠. 대표적인 고분자 반도체 poly(3-hexylthiophene)(P3HT)는 우수한 광전 특성을 가지며, 트랜지스터뿐만 아니라 태양전지, 센서 등 다양한 응용 분야에 활용되고 있습니다. n형 유기반도체는 공기 중의 산소, 수분, 오존에 의해 쉽게 산화되면서 성능이 현저히 저하되는 경향이 있어서 p형에 비해 연구가 활성화되지 못하였습니다. 그러다가 태양전지, CMOS 회로 등에서 p-n 접합 구조의 필요성이 커지면서 n형 유기반도체의 분자 설계 등을 통하여 성능과 공기 안정성을 높이고자 하는 연구들이 활발해지고 있죠. 특히, 전자 받개$^{electron\ acceptor}$와 전자 주개$^{electron\ donor}$ 관능기를 도입하여 성능이 향상된 결과가 보고되고 있습니다. 이와 함께 n형 반도체에서는 전자들이 LUMO 에너지준위의 분자 궤도를 통해 흐르므로 LUMO 준위의 최적화가 중요합니다.

유기반도체를 적용한 유기 TFT는 1964년 CuPc$^{Copper(II)\ phthalocyanine}$를 사용하여 처음으로 제작하였으나 성능이 낮아 연구가 미진하다가, 1992년에 펜타센으로 $0.002 cm^2/Vs$ 정도의 이동도를 얻으면서 본격적인 연구가 시작되었습니다. 2003년에는 3M에서 펜타센을 이용하여 이동도 $5 cm^2/Vs$를 보고하면서 비정질 실리콘 TFT를 넘어서게 되었고, 이후 다양한 연구 개발을 통하여 최근에는 이동도 $10 cm^2/Vs$를 훌쩍 넘는 유기 TFT도 다수 보고가 되고 있습니다. 일반적으로 유기 TFT는 채널 영역을 유기 재료로 만든 경우이지만, 궁극적으로는 게이트 절연층과 금속 전극을 포함한 모든 부분에 유기 재료를 적용하는 것이 유용하겠죠. 유기물은 약한 반데르발스$^{Van\ der\ Waals}$ 결합으로 연결되어 있어서 밴

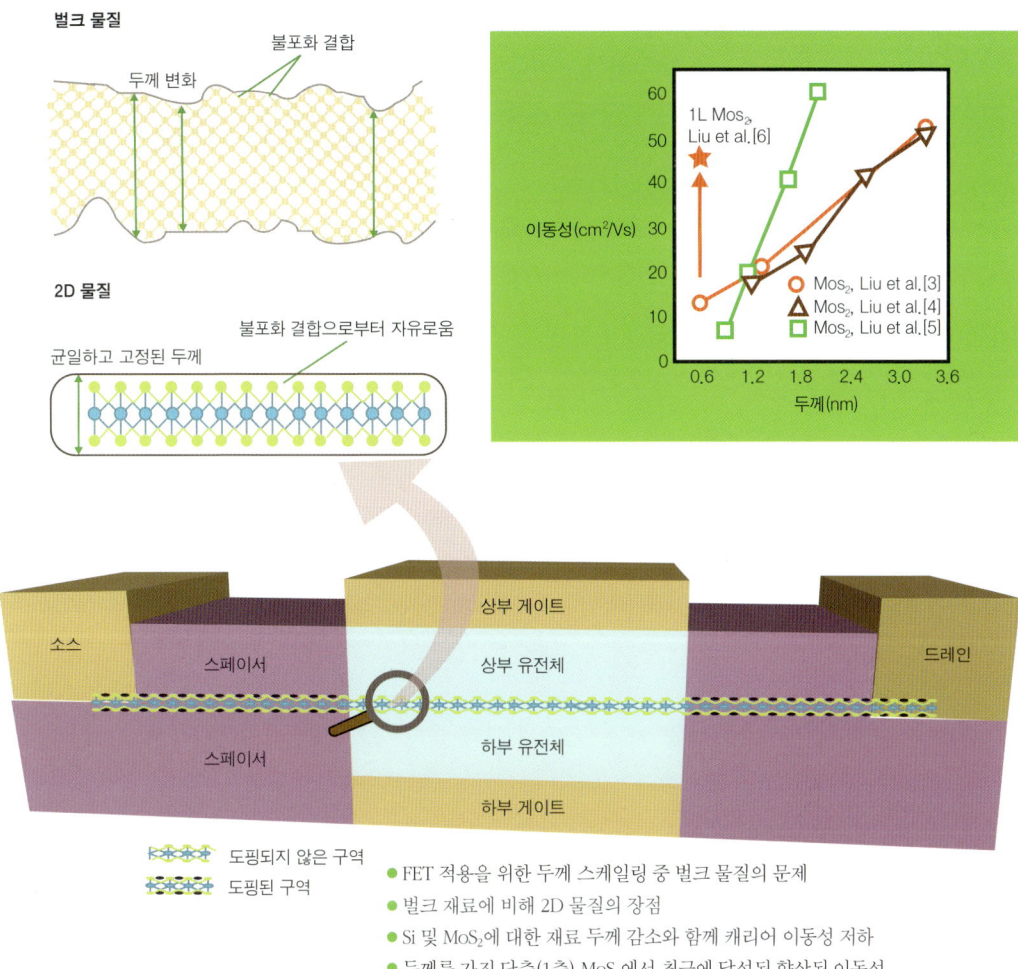

2차원 물질

드 갭 안에도 에너지준위가 형성되고, 전하들은 이러한 에너지준위를 깡충 뛰기^{hopping}로 이동하므로 이동도를 높이기가 쉽지 않습니다. 그러나 전화위복이란 말도 있듯이 약한 결합으로 이루어져 있으므로 저온 용액 공정이 가능하기도 하죠. 여하튼 이동도를 높이는 것이 중요한데, 전하가 산란^{scattering}하는 원인들로는 열, 이온화 불순물, 계면 거칠기와 결함, 입계 등이 있습니다. 열에 의한 포논 산란은 피할 수 없을지라도 나머지 원인들에 의한 산란들은 공정이나 구조 개선을 통하여 개선할 수가 있습니다. 따라서 재료 설계와 함께 공정이나 구조와 관련된 아이디어도 중요하죠. 유기 TFT의 전기적 성능은 이동도와 함께 다른 TFT의 경우와 같이 문턱 전압, 문턱 전압 이하의 기울기$^{sub\text{-}threshold\ voltage\ slope}$

E-타투　　　웨어러블　　　스마트 워치

스마트폰　　　태블릿　　　스마트 안경

2차원 물질의 응용

또는 sub-threshold swing, SS, 전류 점멸 비on-off ratio 등으로 나타나는데 이의 개선을 위한 노력은 여전히 진행형입니다.

　이러한 유기 TFT는 집적도나 동작 속도 등에서 기본의 트랜지스터나 TFT를 능가하기보다는 특히 유연성이 강조되는 분야에 적합합니다. 더 많이 휘어야 하거나 접을 경우, 무기물의 파괴나 손상 등이 우려되는 경우에 이를 극복하기 위한 방안으로 오래전부터 고려되어 왔지만 이동도가 낮다는 점이 큰 핸디캡이 되어 왔죠. 그러나 공정 온도가 낮고, 휨에 적응할 수 있다는 기본적인 특징으로 인하여 발전 속도는 더디지만 언젠가는 디스플레이용 TFT로서 가치를 발휘할 것으로 기대됩니다. 이외에도 디스플레이의 백플레인 용으로 다양한 소재와 소자들이 연구되고 있는데, 주목을 끄는 기술들 중의 하나가 2차원 물질들입니다. 2차원 물질들은 원자층 수준의 두께로 얇고, 전도도를 조절할 수 있다는 등의 특징이 있어 TFT에서도 가능성을 보이고 있습니다. 앞으로 관심을 가져 볼 만한 분야입니다.

더 생각해보기

- 유기물 TFT의 한계는 어디이며, 어떻게 극복되고 있을까?
- 유기물 내에서 전자의 이동은 어떻게 이루어지며, 어떤 방법으로 이동도는 더 개선될 수 있을까?
- 유기물 TFT와 함께 미래의 백플레인에 적용할 수 있는 TFT 소자와 소자들은 무엇일까?

박막 트랜지스터

딛고 선 곳이 험난하여도
위를 향하는 방향은 명확하다

나 하나의 역량은 작아도
함께 이루어야 할 목표는 크다

밝은 목표가 이루어지는 순간
내 존재는 작아서 행복하다

열정과 융합 그리고 겸손이다

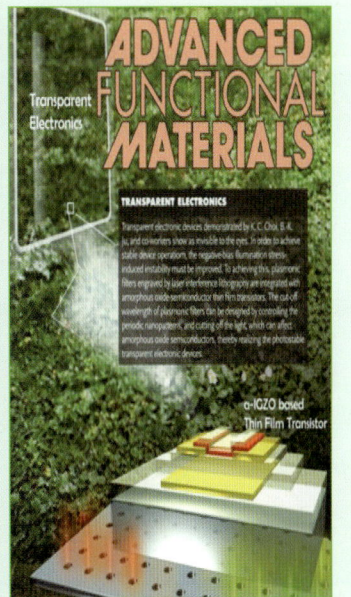

Thin-film transistor (TFT);

is a special type of MOSFET made by depositing thin films of
an active semiconductor layer as well as the dielectric layer and metallic contacts over
a supporting (but non-conducting) substrate.
A common substrate is glass because
the primary application of TFTs is in flat panel display.